电力自动化及继电保护实验与仿真实例教程

于 雷 谭晓静 主 编
吕凯弘 汪 明 高婷婷 副主编
韩之刚 主 审

电子工业出版社
Publishing House of Electronics Industry
北京·BEIJING

内 容 简 介

本书以电气工程及其自动化专业为主线，是"电力自动化与继电保护""工厂供电""建筑供配电"等相关理论课程的配套实验教材。

本书为"福建省高等院校应用型学科建设——电气工程"体系教材，立足于本科应用型人才的培养目标，着力强化学生基础训练和应用训练，旨在提高学生的工程实践能力。本书共 9 章，第 1~4 章介绍实验平台操作；第 5~8 章内容涵盖"电力系统分析""电力系统继电保护"等专业主干课程的实验，其中的各个仿真实例取自相关课程的主要知识点，并且提供仿真源程序，可以使学生更好地理解与掌握课程内容；第 9 章是高压变电站虚拟仿真实验，涵盖"变电站自动化技术""高电压技术"等课程的实验，通过本章的学习，使学生掌握最接近电力系统实际运行状况的数字仿真工具的使用方法。

未经许可，不得以任何方式复制或抄袭本书之部分或全部内容。
版权所有，侵权必究。

图书在版编目（CIP）数据

电力自动化及继电保护实验与仿真实例教程 / 于雷，谭晓静主编. —北京：电子工业出版社，2021.8
ISBN 978-7-121-41735-1

Ⅰ. ①电… Ⅱ. ①于… ②谭… Ⅲ. ①电力系统自动化－高等学校－教材②继电保护－实验－高等学校－教材 Ⅳ. ①TM7

中国版本图书馆 CIP 数据核字（2021）第 157147 号

责任编辑：郭穗娟
印　　刷：三河市鑫金马印装有限公司
装　　订：三河市鑫金马印装有限公司
出版发行：电子工业出版社
　　　　　北京市海淀区万寿路 173 信箱　　邮编　100036
开　　本：787×1092　1/16　印张：17.5　字数：448 千字
版　　次：2021 年 8 月第 1 版
印　　次：2022 年 8 月第 2 次印刷
定　　价：69.80 元

凡所购买电子工业出版社图书有缺损问题，请向购买书店调换。若书店售缺，请与本社发行部联系，联系及邮购电话：（010）88254888，88258888。
质量投诉请发邮件至 zlts@phei.com.cn，盗版侵权举报请发邮件至 dbqq@phei.com.cn。
本书咨询联系方式：（010）88254502，guosj@phei.com.cn。

前　　言

本书以电气工程及其自动化专业为主线，是"电力自动化与继电保护""工厂供电""建筑供配电"等相关理论课程的配套实验教材。"电力系统继电保护"与"建筑供配电"这些课程具有理论性和实践性强的特点，对提高学生分析问题和解决问题的能力具有十分重要的意义。

本书为"福建省高等院校应用型学科建设——电气工程"体系教材，立足于本科应用型人才的培养目标，着力强化学生基础训练和应用训练，旨在提高学生的工程实践能力。本书特色如下：

（1）设置实验平台操作部分，锻炼学生的实际操作能力，使其掌握常规继电器的正确使用方法，学会利用相关理论对所测的实验数据进行合理分析。在此基础上进行理论研究。

（2）以 MATLAB/Simulink 为基础，将电气工程及其自动化专业的教学过程与 MATLAB 软件相结合，对动态系统进行建模、仿真和分析，加强学生使用框图界面和交互仿真的能力，同时提高其使用非线性动态系统仿真工具的能力。

（3）设置高压变电站虚拟仿真实验，与实验室教学相结合，对虚拟环境在高压变电站系统中的应用进行分析。这部分实验操作灵活，运行稳定，便于实践研究。

本书在编写过程中，注重实践教学与理论教学相结合，吸取近 3 年来编者所在学校相关课程教学改革的新成果，突出验证性实验与设计性实验。同时，参考了部分兄弟院校的教学大纲和相关实验课程的运行情况，以满足实验教学的需要。

本书由闽南理工学院和福建能源晋江天然气发电有限公司联合编写，闽南理工学院的于雷和谭晓静担任主编，全稿由韩之刚教授主审。编写分工如下：第 1～4 章由于雷编写，第 5、7、8 章由谭晓静编写，第 6 章由吕凯弘编写，第 9 章由汪明和高婷婷编写，附录由谭晓静编写，郑清兰、王君、魏有法、陈旭东和傅泽晓参与本书的编校。在此，感谢闽南理工学院电气教研室全体教师以及电子实践中心教师提出的宝贵意见，感谢福建能源晋江天然气发电有限公司的工程技术人员对本书提供的技术支持，同时感谢王铁光副教授对本书提出的修改意见和建议。

由于编者的理论水平和实践经验有限，书中定然存在欠妥之处，恳请广大读者批评指正。

编　者

2021 年 3 月

目　　录

第 1 章　电力自动化及继电保护实验操作要求 1

第 2 章　发电厂电气部分实验 5
　实验一　具有灯光和音响监视功能的断路器控制回路实验 5
　实验二　重复动作手动/自动复归中央信号装置实验 11

第 3 章　电力自动化及继电保护实验 17
　实验一　常用继电器操作实验 17
　实验二　DZ/DZB/DZS 系列中间继电器实验 33
　实验三　6～10kV 线路过电流保护实验 43
　实验四　发电机低电压启动过电流保护与过负荷保护实验 49
　实验五　BFY-12 型负序电压继电器实验 55
　实验六　自动重合闸前加速保护与继电保护配合实验 61

第 4 章　建筑供配电系统初步设计 70

第 5 章　电力系统基本模块库使用 88
　实验一　电力系统 SimPowerSystems 模块库介绍 88
　实验二　电力变压器的建模与仿真 108

第 6 章　电力系统分析建模与仿真实验 121
　实验一　简单支路潮流分布实验 121
　实验二　电力系统暂态实验 127
　实验三　动态负载与三相可编程电压源实验 132
　实验四　静止无功功率补偿器的仿真实验 141

第 7 章 电力系统故障仿真实验 ··· 150

  实验一　供电系统短路故障仿真分析 ··· 150
  实验二　Machine 模块库的建模与仿真 ··· 164
  实验三　同步电机三相短路暂态过程的数值计算与仿真 ··· 172
  实验四　小电流接地系统中的单相接地仿真 ··· 184

第 8 章 微机继电保护实验 ··· 193

  实验一　MATLAB 微机保护算法辅助设计 ··· 193
  实验二　方向阻抗继电器的建模与仿真 ··· 202
  实验三　电力变压器微机保护 ··· 210
  实验四　输电线路故障行波仿真 ··· 222

第 9 章 变电站虚拟仿真实验 ··· 230

  实验一　二次侧熔丝熔断仿真与事故处理 ··· 230
  实验二　自动重合闸仿真 ··· 238
  实验三　变压器差动保护虚拟仿真 ··· 241
  实验四　变压器瓦斯保护虚拟仿真 ··· 248
  实验五　母线单相接地故障仿真与事故处理 ··· 254
  实验六　相间短路故障与事故处理仿真 ··· 260

附录 A　实操类实验报告 ··· 265

附录 B　计算机仿真类实验报告 ··· 270

参考文献 ··· 274

第 1 章 电力自动化及继电保护实验操作要求

一、实验基本要求

电力自动化及继电保护实验的目的在于培养学生掌握基本的实验方法与操作技能，具体如下：培养学生学会根据实验目的、实验内容及实验设备拟定实验线路，选择所需仪表，确定实验步骤；测取所需数据，进行电路工作状态的分析研究；得出必要结论，从而完成实验报告。在整个实验过程中，学生必须集中精力，认真做好实验。现按实验过程提出下列基本要求。

1. 实验准备

实验前应复习配套教材有关章节内容，认真研读实验指导书，了解实验目的、项目、方法与步骤，明确实验过程中应注意的问题（对有些内容，可到实验室对照实验设备进行预习，熟悉组件的编号、使用方法及其规定值等）。

实验前应写好预习报告，经指导老师检查认为确实做好了实验前的准备，方可开始实验。

认真做好实验前的准备工作，对于培养学生独立工作能力、提高实验质量、保护实验设备和人身的安全等都具有相当重要的作用。

2. 实验形式

1）成立小组，合理分工

每次实验都以小组为单位进行，每组由 2~3 人组成。对接线、调节负载、调节电压或电流值、记录数据等工作，每人应有明确的分工，以保证实验操作的协调，使记录的数据准确可靠。

2）选择组件和仪表

实验前先熟悉本次实验所用的组件，记录继电器铭牌数据和选择合适的仪表量程。然后依次排列组件和仪表，便于测取数据。

3）按图接线

根据实验线路图及所选组件、仪表进行接线。接线要简单明了，接线原则应是先连接串联主回路，再连接并联支路。为方便检查线路是否正确，对实验线路图中的直流回路、交流回路、控制回路等，应分别用不同颜色的导线连接。

4）试运行

在正式实验开始之前，先熟悉仪表功能，然后按一定规范启动继电保护电路，观察所有仪表是否正常。如果出现异常情况，应立即切断电源并排除故障；如果一切正常，即可正式开始实验。

5）测取数据

预习时，对继电器及其保护装置的实验方法及所测数据的大小做到心中有数。正式实验时，根据实验步骤逐次测取数据。

6）认真负责，实验有始有终

实验完毕，必须将数据交给指导老师审阅。经指导老师认可后，方可拆线，并把实验所用的组件、导线及仪器等物品整理好，放至原位。

3. 实验报告

实验报告是根据实测数据和在实验中观察发现的问题，经过自己分析研究或经过小组分析讨论后写出的实验总结和心得体会。实验报告要求简明扼要、字迹清楚、图表整洁、结论明确。

实验报告包括以下内容：

（1）实验名称、专业班级、学号、姓名、实验日期。

（2）列出实验中所用组件的名称及编号，包括继电器铭牌数据等。

（3）列出实验项目并绘出实验时所用的线路图，并注明仪表量程和电阻器阻值。

（4）数据的整理和计算。

（5）解答各个实验的思考题，部分思考题在实验前要进行抽查提问，作为学生实验预习成绩中的一部分。

（6）根据所测数据说明实验结果与理论是否符合，可对某些问题提出一些自己的见解并写出结论。实验报告应写在一定规格的报告纸上，并保持纸面整洁。

（7）每次实验完毕，每人独立完成一份报告，按时送交指导老师批阅。

4. 实验成绩

每个实验项目按 4 个方面计入成绩：实验预习（占 15%）、实验操作（占 55%）、实验报告（占 20%）、实验纪律（占 10%）。具体说明如下：

（1）实验预习成绩。上课铃响之后，指导教师应在实验室中巡视，检查学生的预习报告，并当场给出预习分数。若有学生迟到，则酌情扣分；若迟到超过 20min，则取消其本次实验资格。

（2）实验操作成绩。指导教师讲课结束后在实验室中巡视并指导，考核学生的操作情况，对思维敏捷、操作灵巧、有创造性且能够独立完成实验全过程的学生，给出较高的操作分数；对于操作不认真、抄袭别人数据的学生，酌情扣分。

（3）实验报告成绩。实验结束后，批改学生的实验报告，给出实验报告成绩；实验报告的关注点包括实验的原始数据、数据的分析及处理、回答预习思考题、实验总结等。要求书写整洁、文字符号规范等。

（4）实验纪律成绩。该项考核学生的出勤率、对仪器设备的爱护、对实验室环境卫生的维护等。

二、实验安全操作规程

为了按时完成电力自动化及继电保护实验，确保实验过程中的人身安全与设备安全，应严格遵守如下规定的安全操作规程：

（1）实验时，人体不可接触带电线路，要求穿着整齐，严禁穿拖鞋。

（2）接线或拆线都必须在切断电源的情况下进行。

（3）学生独立完成接线或改接线路后必须经指导老师检查和允许，同时告知组内其他同学，引起他们注意后方可接通电源。实验中若发生事故，则立即切断电源，经查清问题和妥善处理故障后，才能继续进行实验。

（4）通电前应先检查所有仪表量程是否符合要求，是否有短路回路存在，以免损坏仪表或电源。

（5）总电源或实验台控制屏上的电源应由指导老师来控制，其他人员只能经指导老师允许后方可操作，不得自行合闸。

三、THKDZB-1 型电力自动化及继电保护实验装置交流电源及直流电源操作说明

1. 交流电源操作步骤

1）单相交流电源

（1）开启电源前，检查控制屏下面"单相自耦调压器"电源开关，并确定其处于"关"位置，调压器旋钮必须调至零位。

（2）打开"电源总开关"，按下"启动"按钮，并将"单相自耦调压器"开关拨到"开"位置。通过手动调节，在输出口 a、x 两端，可获得所需的单相交流电压。

（3）在实验中，如果需要改接线路，必须将开关拨到"关"位置，保证操作安全。实验完毕，将调压器旋钮调回到零位，并把"直流操作电源"的开关拨回"关"位置。最后，关断"电源总开关"。

2）三相交流电源

（1）开启电源前，应检查控制屏下面"直流操作电源"的"可调电压输出"开关（右下角）及"固定电压输出"开关（左下角），两者都必须处在"关"的位置。控制屏左侧面上安装的自耦调压器必须调在零位，即必须将调节手柄沿逆时针方向旋转到底。

（2）检查无误后开启"电源总开关"，"停止"按钮的指示灯亮，表示实验装置的进线已接通电源，但还不能输出电压。此时，在电源输出端进行实验电路接线操作是安全的。

（3）按下"启动"按钮，"启动"按钮的指示灯亮，只须调节自耦调压器的手柄，在输出口 U、V、W 处就可得到 0~450V 的线电压输出值，并可由控制屏上方的三只交流电压表指示。当控制屏上的"电压指示切换"开关被拨向"三相电网输入电压"开关时，三只电压表指示三相电网进线的线电压值；当"指示切换"开关被拨向"三相调压输出电压"时，三只电压表指示三相调压输出之值。

（4）在实验中，如果需要改接线路，就必须按下"停止"按钮以切断交流电源，保证实验操作的安全。实验完毕，必须将自耦调压器旋钮调回到零位，将"直流操作电源"的两个电源开关置于"关"位置，最后，还需关断"电源总开关"。

2．直流电源操作步骤

（1）在交流电源启动后，接通"固定直流电压输出"开关，可获得 220V、1.5A 不可调的直流电压输出。接通"可调直流电压输出"开关，可获得 40~220V、3A 可调节的直流电压输出。固定电压及可调电压值可由控制屏下方中间的直流电压表指示，当把该表下方的"电压指示切换"开关拨向"可调电压"时，表盘指示可调电源电压的输出值；当把它拨向"固定电压"时，表盘指示固定的电源电压输出值。

（2）"可调直流电源"采用脉宽调制型开关稳压电源，其输入端连接有滤波用的大电容。为了不使过大的充电电流损坏电源电路，采用了限流延时保护电路。因此，该电源在开机时，需要 3~4s 的延时才进入正常的输出状态。

（3）可调直流稳压输出电路设有过电压和过电流保护告警指示电路。当输出电压调得过高时（超过 240V），保护装置会自动切断电路，使输出值为零，并发出告警指示。只有将电压调低（在 240V 以下）并按下"过压复归"按钮后，才能自动恢复正常输出值。当负载电流过大（负载电阻过小），超过 3A 时，保护装置也会自动切断电路，并发出告警指示。此时，若要恢复正常输出值，只须调小负载电流（调大负载电阻）即可。有时候在开机时会出现过电流告警，这说明在开机时负载电流太大，需要降低负载电流。若在空载下开机而发生过电流告警，这是因实验室气温或湿度发生明显变化而造成光电耦合器 TIL117 漏电，使过电流保护的起控点改变。一般经过空载开机（开启交流电源后，再开启"可调直流电源"开关）预热几十分钟，即可停止告警，恢复正常。

第 2 章　发电厂电气部分实验

实验一　具有灯光和音响监视功能的断路器控制回路实验

A 部分　具有灯光监视功能的断路器控制回路实验

1. 实验目的

（1）掌握具有灯光监视功能的断路器控制回路的工作原理和电路的功能特点。
（2）要使断路器控制回路能安全可靠地工作，必须满足对合闸及分闸监视的基本要求。
（3）结合 ZB02 挂箱控制开关的触点图表，学会控制开关的使用、控制回路的接线和断路器动作实验方法。

2. 实验原理

具有灯光监视功能的断路器控制回路如图 2-1-1 所示。其控制开关为封闭式万能转换开关 LW_2-W_2-2/F6。这种转换开关结构比较简单，它只有一个固定位置和两个操作位置，因而控制线路图也较简单。

断路器控制回路工作过程如下：

当断路器处于跳闸状态时，其常闭辅助触点 QF1 闭合，控制开关 KK 的手柄处于自然（固定）位置，其触点①-③、②-④都断开。于是，跳闸位置信号绿灯 LD 及其附加电阻 R1、常闭辅助触点 QF1、合闸接触器 HC 的线圈组成通路，绿灯 LD 亮，表明断路器处于跳闸状态，也表明 HC 的线圈回路完好。当需要进行合闸操作时，可将控制开关 KK 的手柄顺时针转动 45°，这时 KK 的触点②-④接通，使绿灯 LD 及其附加电阻 R1 短接，HC 线圈得电动作，HQ 线圈回路接通，断路器合闸，其常闭辅助触点 QF1 断开 HC 的线圈回路，其常开触点 QF2 接通了合闸位置信号红灯 HD 回路。红灯 HD 亮，表示断路器处于合闸状态，也表明跳闸回路完好。当手松开后，控制开关 KK 的手柄弹回固定位置，触点②-④断开，合闸过程结束。当需要进行跳闸操作时，可把控制开关 KK 的手柄沿逆时针方向转动 45°。此时控制开关 KK 触点的①-③接通，使红灯 HD 及其附加电阻 R2 短接，TQ 跳闸线圈得电启动，断路器跳闸，绿灯 LD 亮。随后控制开关 KK 的手柄弹回固定位置，触点①-

③断开。若断路器因事故跳闸，则继电保护跳闸出口继电器 BCJ 的触点闭合，接通启动跳闸回路。本次实验可用按钮 SB 代替继电保护跳闸出口继电器 BCJ 的常开触点使用，同样起到跳闸的作用。

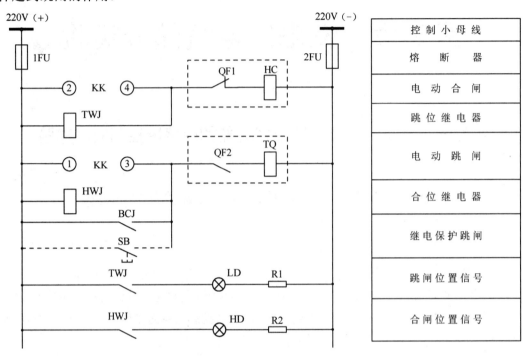

图 2-1-1　具有灯光监视功能的断路器控制回路

三、实验设备

实验设备型号、名称和数量见表 2-1-1。

表 2-1-1　实验设备型号、名称和数量

序号	设备型号	设备名称	数量
1	ZB01	断器触点及控制回路模拟箱	1 个
2	ZB02	信号指示灯和万能开关	各 1 个
3	DZB01	直流操作电源	1 个
4	DZB01-1	按钮 SB	1 个

四、实验步骤和要求

（1）根据直流接触器、跳闸线圈、合闸线圈、信号指示灯的额定参数选择直流操作电源的电压值，本实验装置使用直流电压 220V。

（2）按图 2-1-1 所示的断路器控制回路安装实验装置和接线。

（3）检查上述接线无误后，接入电源进行断路器控制回路动作实验。通过操作与观察，深入理解在具有灯光监视功能的断路器控制回路中各个元件及其触点的作用。

五、实验报告

在安装接线及动作实验结束后，要认真分析其控制回路的功能，结合电路原理，分析断路器和信号灯的动作情况，并把实验数据记录到表 2-1-2 中。

表 2-1-2　实验数据记录

序号	名　　称	控制开关 KK 触点②-④接通	控制开关 KK 触点①-③接通
1	合闸接触器 HC		
2	跳闸线圈 TQ		
3	断路器 QF		
4	光字牌 GP		
5	跳闸位置信号指示灯		
6	合闸位置信号指示灯		

六、思考题

（1）上述控制回路中红灯、绿灯分别表示断路器处于什么状态？

（2）上述控制回路中哪一个触点是由继电保护引入而实现自动分闸的？如果由自动装置实现自动合闸，那么为了控制触点而应引入哪个回路？

B 部分　具有音响监视功能的断路器控制回路实验

一、实验目的

（1）了解为使具有音响监视功能的断路器控制回路能安全可靠地工作，电路所必须满足对回路监视的基本要求。

（2）了解控制开关的触点图表及开关在电路中的应用，掌握具有音响监视功能的断路器控制回路的接线和动作实验方法。

二、实验原理

具有音响监视功能的断路器控制回路如图 2-1-2 所示。该图在图 2-1-1 红、绿两灯的位置接入合闸位置继电器（简称合位继电器）HWJ 和跳闸位置继电器（简称跳位继电器）TWJ。

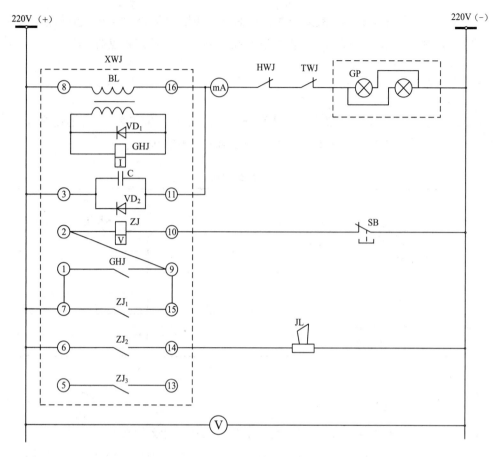

图 2-1-2 具有音响监视功能的断路器控制回路

断路器的操作过程如下：

当断路器处于跳闸状态时，跳位继电器 TWJ 的线圈、常闭辅助触点 QF1 和合闸接触器 HC 的线圈组成通路，由于 TWJ 的线圈电阻远大于 HC 线圈电阻，因此 TWJ 动作，其常开触点接通了绿灯 LD 回路，绿灯亮，指示断路器处于跳闸状态。当断路器处于合闸状态时，合位继电器 HWJ 的线圈、常开辅助触点 QF2 和跳闸线圈 TQ 组成通路，HWJ 也因自身的线圈电阻远大于 TQ 的线圈电阻而动作，其常开触点接通了红灯 HD 回路，红灯亮，指示断路器处于合闸状态。其他动作过程与图 2-1-2 相似。

图 2-1-2 所示的控制回路具有失电及回路断线报警功能，具体过程如下：当断路器控制回路熔断器 1FU（2FU）熔断时，或者当断路器合闸后 HWJ 的线圈断线或分闸后 TWJ 的线圈断线时，HWJ 和 TWJ 的线圈失电，其常闭触点闭合，接通了光字牌 GP 回路。光字牌 GP 左侧回路接通冲击继电器 XMJ，冲击继电器 XMJ 的脉冲变压器 BL 的一次回路接通电源正极，光字牌 GP 右侧连接电源负极。于是触发警铃，警告故障的存在。在触发警铃的同时，光字牌 GP 也因通电而发光显字，提示故障的性质。

HWJ 和 TWJ 是中间继电器，其线圈的电阻很大，当它们串联在跳闸及合闸回路中时短路的可能性很小，因此不会影响断路器的动作。HWJ 和 TWJ 的触点对数很多，可以代替断路器的辅助触点在不重要的回路中使用。

三、实验设备

实验设备型号、名称和数量见表 2-1-3。

表 2-1-3 实验设备型号、名称和数量

序号	设备型号	设备名称	数量
1	ZB01	断路器触点及控制回路模拟箱	1 个
2	ZB02	信号指示灯和万能开关	各 1 个
3	DZB01	直流操作电源	1 个
4	ZB03	数字电秒表及开关组件挂箱	1 个
5	ZB06	光字牌	1 个
6	ZB14	DZ-31B 中间继电器	1 个
7	ZB18	绿灯 LD、红灯 HD 信号指示灯	各 1 个
8	ZB31	直流数字电压表和电流表	各 1 个

四、实验步骤和要求

（1）根据直流接触器、跳闸线圈、合闸线圈、信号指示灯、合闸及跳闸继电器的技术参数选择直流操作电源的电压。

（2）按图 2-1-2 所示的控制回路进行安装实验装置和接线。

（3）检查上述接线的正确性，确定无误后，接入直流 220V 电源进行控制回路动作实验。通过操作与观察，深入理解在具有灯光和音响监视功能的断路器控制回路中各个元件及其触点的作用和动作过程。

五、实验报告

实验结束后，认真分析控制回路各元件的动作过程及音响装置的启动原理。然后写出实验报告，把实验数据记录到表 2-1-4 中。

表 2-1-4 实验数据记录

序号	名称	控制开关 KK 触点②和④接通	控制开关 KK 触点①和③接通	FU 熔断器熔断
1	合闸接触器 HC			
2	跳闸线圈 TQ			
3	断路器 QF			
4	光字牌 GP			

续表

序号	名 称	控制开关 KK 触点②和④接通	控制开关 KK 触点①和③接通	FU 熔断器 熔断
5	跳位继电器 TWJ			
6	合位继电器 HWJ			
7	跳闸位置信号指示灯			
8	合闸位置信号指示灯			

六、思考题

（1）具有灯光和音响监视功能的断路器控制回路是如何实现回路自身的完整性和直流操作电源的正常性的？

（2）在控制回路中增加合位继电器和跳位继电器，对提高该控制回路的性能有哪几方面的积极意义？

实验二 重复动作手动/自动复归中央信号装置实验

A 部分 手动复归中央信号装置实验

一、实验目的

（1）掌握重复动作手动复归中央信号装置的动作原理及实验接线方法。
（2）理解 ZC-23 型冲击继电器的功能和特性，掌握实验接线操作和实验方法。

二、实验原理

中央信号装置按其性质可分为事故信号装置、预告信号装置和位置信号装置，其中，事故信号装置包括音响信号装置和灯光信号装置。本实验以音响信号装置为主。

图 2-2-1 所示为由 ZC-23 型冲击继电器构成的能够实现重复动作手动复归的音响信号装置接线图。

当某个断路器 QF 因事故而跳闸时，信号继电器 1XJ 的常开辅助触点闭合（为了便于实验操作，在图 2-2-1 的实验接线图中用 S_1、S_2、S_3 分别代替 1XJ、2XJ、3XJ），由于 S_1 的闭合，光字牌 1GP 回路被接通，1GP 亮，同时冲击继电器 XMJ 的微分脉冲变流器的原边绕组所组成的回路也被接通。于是，在微分脉冲变流器的副边绕组中感应出一个脉冲电动势。这个电动势使二极管因被施加反向电压而截止，使舌簧继电器 GHJ 的线圈达到动作值而启动，舌簧触点 GHJ①-⑨闭合，中间继电器 ZJ 的线圈和复归按钮 SB 所组成的回路被接通。于是中间继电器 ZJ 达到动作值，其常开辅助触点 ZJ_1 闭合，该触点并接于舌簧触点 GHJ 两端，实现回路自保持功能。当微分脉冲变流器的原绕组中流过的电流稳定后，其副边绕组中的感应电动势消失，舌簧继电器 GHJ 立即返回初始状态，触点 GHJ 重新断开。由于中间继电器 ZJ 启动，其常开辅助触点 ZJ_2 闭合，接通警铃 JL（或电笛 DD）的线圈回路，发出声音报警信号。若要解除报警信号，只需按下按钮 SB，使继电器 ZJ 的线圈断电，其常开辅助触点 ZJ_1 和 ZJ_2 复归常开状态，ZJ 的线圈和 JL 的线圈回路断开。此时，由于 1XJ 未返回初始状态（S_1 未断开），由光字牌 1GP 和微分脉冲变流器 XMJ 的原边绕组组成的回路仍接通，光字牌 1GP 仍发光，微分脉冲变流器的原边绕组中流过的电流恒定。如果上一次事故未消除，故障仍存在，那么另一个断路器会跳闸，信号继电器的辅助触点 2XJ 闭合（S_2 闭合）。于是，光字牌 2GP 和微分脉冲变流器 XMJ 回路接通，XMJ 的原边绕组中叠加一个电流，电流的变化使其副边绕组又感应出一个脉冲电动势，舌簧继电器 GHJ 达到动作值再次启动，警铃 JL 重复报警……。在前面动作发生后事故未解除，微分脉冲变流器 XMJ

的原边绕组在其稳定电流的基础上，允许重复叠加电流而动作。ZC-23 型冲击继电器的技术参数：最大允许稳定电流为 3.2A，最小冲击动作电流不大于 0.16A。ZC-23 型冲击继电器能够承受的冲击（重复）次数可达 20 次，实际应用时，可设计引入 20 个回路的信号继电器触点（注意：预告警报采用警铃 JL 发出；事故警报采用电笛 DD 发出。）。

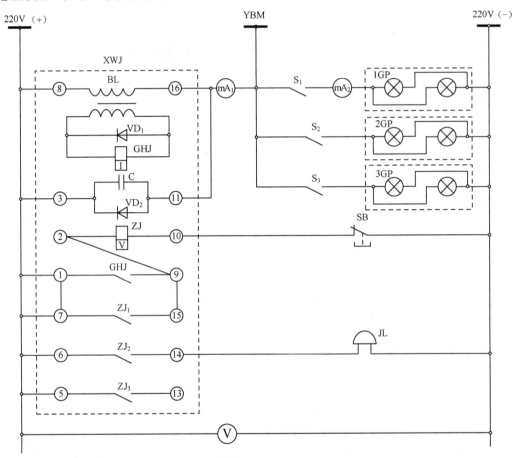

图 2-2-1　重复动作手动复归的音响信号装置接线图

实际电路中还应设计一个包含按钮 SB_2 和附加电阻 R 的回路，该回路的作用是通过手动验证事故音响（预告音响）装置能否动作，附加电阻 R 的阻值应与启动微分脉冲变流器 XMJ 需要的最低动作电流值时所需的电阻值相等。若 R 的数值过小，则导致 SB_2 回路的电流很大，会影响微分脉冲变流器 XMJ 的动作次数，甚至影响其使用寿命（在本实验中此回路可不用，因为信号继电器触点 1XJ、2XJ、3XJ 已改用开关 S_1、S_2、S_3 替代，所以由手动控制）。

当上述某一次事故（或故障）处理完成之后，信号继电器触点应复归到常开状态，即图 2-2-1 中的开关 S_1、S_2、S_3 断开，导致光字牌失电。此时，微分脉冲变流器 XMJ 的原边绕组中的电流减小，其副边绕组中感应出一个反方向的脉冲电动势。此电动势使二极管 VD_1 导通，将干簧管继电器 GHJ 的线圈短接，该继电器不动作。与微分脉冲变流器 XMJ 的原边绕组并联的电容 C 和二极管 VD_2 起抗干扰作用。

三、实验设备

实验设备型号、名称和数量见表 2-2-1。

表 2-2-1 实验设备型号、名称和数量

序号	设备型号	设备名称	数量
1	ZB18	ZC-23 型冲击继电器	1 个
2	ZB06	光字牌	3 个
3	ZB31	直流数字电压表和电流表	3 个
4	DZB01	直流操作电源	1 个
5	ZB18	开关 S_1、S_2、S_3	各 1 个
		警铃（或电笛）	1 个
6	DZB01-1	复归按钮	1 个

四、实验步骤和要求

（1）根据冲击继电器的额定工作电压，选择相应的直流操作电源。

（2）测量并记录光字牌亮时的工作电流值，分析是否适合接入冲击继电器的 BL 回路，与中间继电器启动电流值进行比较。

（3）按图 2-2-1 进行接线，注意：严禁将光字牌上的两个电源端子短接，一旦短接，将损坏冲击继电器。

（4）接线完成后，检查上述接线是否正确，确定无误后，再接入直流操作电源。

（5）按实验原理说明进行操作，深入理解重复动作手动复归音响信号装置的电路特性。

五、实验报告

在实验结束后，要认真总结并结合原理详述实验操作过程，准确记录各支路的电流值和微分脉冲变流器原边绕组回路的电流值。按表 2-2-2 要求，记录实验数据。

表 2-2-2 实验数据记录

序号	开关状态	毫安表 mA_1 的电流值（总支路）	毫安表 mA_2 的电流值（分支路）	ZJ 工况	音响状态
1	S_1 闭合				
2	S_2 闭合				
3	S_3 闭合				
4	S_1 断开				
5	S_2 断开				
6	S_3 断开				

六、思考题

(1) 分析为什么冲击电流只能叠加 20 个回路。

(2) 冲击继电器的端子⑧为什么要连接直流电源正极？若将其连接负极，则会出现什么情况？

(3) 为什么在断开 S_1、S_2、S_3 时冲击继电器不会启动？

B 部分　自动复归中央信号装置实验

一、实验目的

(1) 掌握重复动作自动复归中央信号装置的动作原理及实验接线方法。

(2) 理解冲击继电器每次动作完成后实现自动复归的方法，掌握实验接线操作和实验方法。

二、实验原理

前面实验操作中图 2-2-1 所示的音响信号装置虽能重复动作，但必须手动复归。有时操作人员忙于处理事故，没有时间处理电笛或警铃电路，会使警铃响得过久而影响其使用寿命。图 2-2-2 是由 ZC-23 型冲击继电器构成的重复动作自动复归音响信号装置接线图。图中增加了时间继电器 1SJ 和中间继电器 1ZJ。当断路器跳闸时，1XJ 触点闭合（S_1 闭合），光字牌 1GP 回路被接通。微分脉冲变流器 XMJ 的原边绕组流过冲击电流，副边绕组中产生感应脉冲电动势，使 GHJ 的常开辅助触点闭合，中间继电器 ZJ 的线圈回路被接通，中间继电器 ZJ 启动，其常开辅助触点 ZJ_1 和 ZJ_2 闭合，ZJ 线圈自保持，警铃响；常开辅助触点 ZJ_3 接通时间继电器 1SJ 的线圈回路，时间继电器 1SJ 启动。当延时时间结束后，延时闭合的 1SJ 常开触点闭合，中间继电器 1ZJ 的线圈回路被接通，中间继电器 1ZJ 启动，1ZJ 的常闭触点断开，ZJ 的线圈失电，常开辅助触点 ZJ_2 断开，警铃（或电笛）不响。

三、实验设备

实验设备型号、名称和数量见表 2-2-3。

表 2-2-3　实验设备型号、名称和数量

序号	设备型号	设备名称	数量
1	ZB12	DS-22 型时间继电器	1 个
2	ZB14	DZ-31B 型中间继电器	1 个
3	ZB18	ZC-23 型冲击继电器	1 个
		电笛（或警铃）	1 个
		复归按钮 SB	1 个
		开关 S_1、S_2、S_3	各 1 个

续表

序号	设备型号	设备名称	数量
4	ZB06	光字牌	3个
5	ZB31	直流数字电压、电流表	各1个
6	DZB01	直流操作电源	1路

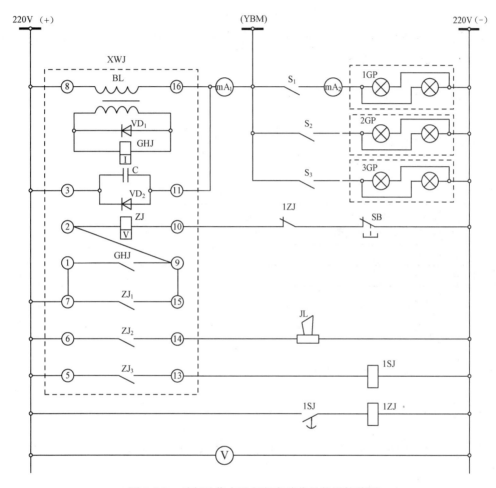

图 2-2-2　重复动作自动复归音响信号装置接线图

四、实验步骤和要求

（1）根据实验要求确定时间继电器的延时时间并对其进行整定和调试。

（2）根据中间继电器、时间继电器、冲击继电器的技术参数选择相应的操作电源电压。

（3）检查上述接线是否正确，确定接线无误后，接入直流操作电源。

（4）闭合开关 S_1，光字牌 1GP 亮；冲击继电器同时启动，ZJ_1 接通自保持回路，ZJ_2 接通警铃（或电笛）线圈回路，ZJ_3 启动时间继电器 1SJ。经过整定延时时间，延时闭合的 1SJ 常开触点闭合，中间继电器 1ZJ 启动，1ZJ 常闭触点断开，ZJ 的自保持回路断开，警铃（或电笛）停止报警，光字牌 1GP 仍发光，微分脉冲变流器 BL 的原边绕组中流过的电流恒定。

（5）闭合开关 S_2，微分脉冲变流器 BL 在原来电流的基础上，又叠加了一个电流，使流入的电流值变大，警铃再次报警，光字牌亮。然后时间继电器 1SJ 动作，延时断开中间继电器 1ZJ 的常开触点，切断自保持回路，实现自动复归。开关 S_3 闭合引起的动作过程与上述过程相同，如果没有重复以上过程需查明原因。

（6）当把开关 S_1、S_2、S_3 分别断开时，警铃不响，光字牌 1GP、2GP、3GP 依次熄灭。若开关断开时警铃仍发出报警，需查明原因。

五、实验报告

在接线和实验操作结束后，要认真分析，结合电路原理说明和实验操作实践，写出实验报告，并把实验数据记录到表 2-2-4 中。

表 2-2-4　实验数据记录

序号	开关状态	毫安表 mA_1 的电流值（总支路）	毫安表 mA_2 的电流值（分支路）	ZJ 工况	音响状态	1SJ 延时值	1ZJ 工作状态
1	S_1 闭合						
2	S_2 闭合						
3	S_3 闭合						
4	S_1 断开						
5	S_2 断开						
6	S_3 断开						

六、思考题

（1）在接线时冲击继电器的极性应与电源极性相对应，如果接线错误，会产生什么后果？

（2）YBM 母线上最多能接多少路信号继电器触点？请说明原因。

第 3 章　电力自动化及继电保护实验

实验一　常用继电器操作实验

A 部分　电磁式电流继电器和电磁式电压继电器实验

一、实验目的

（1）熟悉 DL-20C 系列电流继电器和 DY-20C 系列电压继电器的内部结构和基本动作原理。

（2）掌握电流/电压继电器动作电流值、动作电压值及其返回系数的测试及调整方法。

二、实验原理

DL-20C 系列电流继电器用于反映发电机、变压器及输电线路短路和过负荷的继电保护装置中。DY-20C 系列电压继电器用于反映发电机、变压器及输电线路的电压升高（过电压保护）或电压降低（低电压启动）的继电保护装置中。

DL-20C、DY-20C 系列继电器的内部接线图如图 3-1-1 所示。

上述电流/电压继电器是电磁式继电器，瞬时动作，当电磁铁线圈中通过的电流或电压值达到或超过整定值时，衔铁克服反作用力矩，继电器动作，之后保持动作状态。

过电流/电压继电器的动作原理：当电流/电压值升高至整定值（或大于整定值）时，继电器立即动作，其常开触点闭合，常闭触点断开。

低电压继电器动作原理：当电压值降低至整定值时，继电器立即动作，其常开触点断开，常闭触点闭合。

电流继电器的铭牌刻度值是按两个线圈串联时标注的指示值，电压继电器的铭牌刻度值是按两个线圈并联时标注的指示值，该指示值等于整定值。如果将电流继电器的两个线圈并联，将电压继电器的两个线圈串联，那么整定值为指示值的 2 倍。若要改变继电器动作值，则可以通过转动刻度盘上的指针，改变游丝的作用力矩。

电流继电器的实验接线图如图 3-1-2 所示，过电压继电器的实验接线图如图 3-1-3 所示。

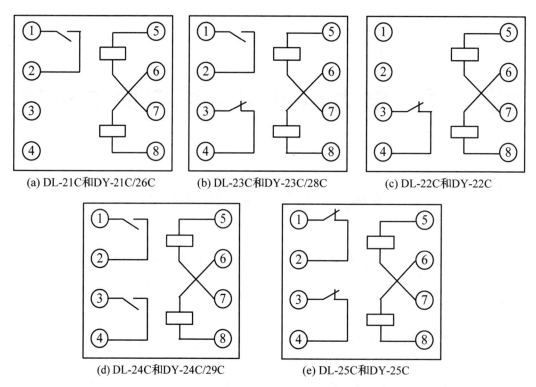

图 3-1-1　DL-20C、DY-20C 系列继电器的内部接线图

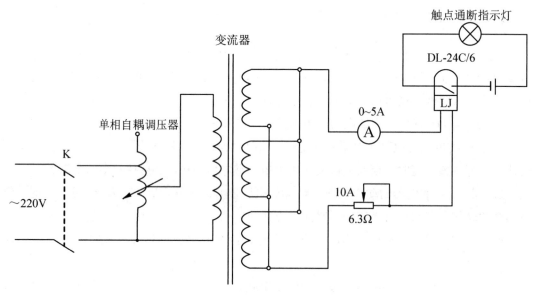

图 3-1-2　电流继电器的实验接线图

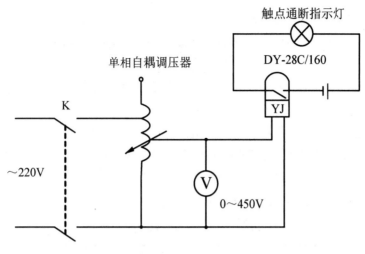

图 3-1-3 过电压继电器的实验接线图

三、实验设备

实验设备型号、名称和数量见表 3-1-1。

表 3-1-1 实验设备型号、名称和数量

序号	设备型号	设备名称	数量
1	ZB11	DL-24C/6 型电流继电器	1 个
2	ZB15	DY-28C/160 型电压继电器	1 个
3	ZB35	交流电流表	1 个
4	ZB36	交流电压表	1 个
5	DZB01-1	单相自耦调压器	1 个
		变流器	1 个
		触点通断指示灯	1 个
		单相交流电源	1 个
		可调电阻 R_1（6.3Ω/10A）	1 个
6		1000V 兆欧表	1 个

四、实验步骤与要求

1. 绝缘测试

继电器在安装投入使用前或拆开检修后，都必须进行绝缘测试。对额定电压为 100V 及以上的继电器，选用 1000V 兆欧表测试绝缘电阻；对额定电压为 100V 以下的继电器，

应选用 500V 兆欧表测试绝缘电阻。

测试绝缘电阻时，要根据继电器的具体接线情况。例如，电路中有不能承受高压的元件（如半导体元件、电容器等）时，要将其从回路中断开或短路。

本实验用 1000V 兆欧表测试导电回路对铁芯的绝缘电阻和两条不连接的回路之间的绝缘电阻，要求如下：

（1）全部端子对铁芯或底座的绝缘电阻值应不小于 50 MΩ。
（2）各个线圈与触点之间及各个触点之间的绝缘电阻值应不小于 50 MΩ。
（3）各个线圈之间的绝缘电阻值应不小于 50 MΩ。

根据测试数据填写表 3-1-2，并对绝缘测试作出结论。

表 3-1-2 绝缘电阻测定记录表

编号	测试项目	过电流继电器		低压电压继电器	
		电阻值/MΩ	结论	电阻值/MΩ	结论
1	铁芯—线圈⑤				
2	铁芯—线圈⑥				
3	铁芯—接点①				
4	铁芯—接点③				
5	线圈⑤—线圈⑥				
6	线圈⑤—接点①				

注：表中①③⑤⑥为继电器引出的接线端标号，铁芯指继电器内部的导磁体。

2. 整定点的动作值、返回电流值及返回系数测试

图 3-1-4 为低电压继电器的实验接线图，可按照下述实验要求进行操作。

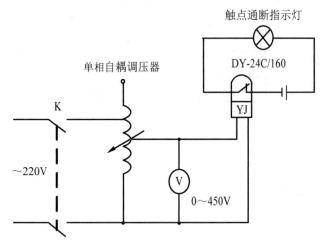

图 3-1-4 低电压继电器的实验接线图

实验中电流值/电压值参数可使用单相自耦调压器、变流器、滑动变阻器等设备进行调节。在调节过程中，应注意使参数平滑变化。

1）测试电流继电器的启动电流值和返回电流值

① 选择 DL-24C/6 型电流继电器，确定其动作电流并进行初步整定。本实验继电器的动作电流整定值为 2A 及 4A，需要分析这两种整定值下电流继电器的工作状态。

② 根据整定值要求，选择该电流继电器线圈的接线方式（串联或并联）。

③ 按图 3-1-2 接线，检查无误后，调节单相自耦调压器及滑动变阻器，使输出电流值逐渐增大，达到电流继电器动作值，使电流继电器动作。读取电流继电器动作（启动）的电流 I_{dj} 值，即能使电流继电器动作的最小电流。此时，继电器常开辅助触点由断开状态变为闭合状态，记入表 3-1-3。电流继电器动作后，反向调节单相自耦调压器及滑动变阻器，使输出电流值逐渐降低；读取当触点开始返回原来常开位置时的最大电流值，该电流值称为电流继电器的返回电流 I_{fj}，把测量值记入表 3-1-3 中。返回电流值与动作电流值的比值称为电流继电器的返回系数，用 K_f 表示。

$$K_f = \frac{I_{fj}}{I_{dj}}$$

过电流继电器的返回系数通常为 0.85～0.9。当其返回系数大于 0.9 或小于 0.85 时，应对返回系数进行调整，调整方法参考本节第 4）点。

表 3-1-3 电流继电器实验数据记录表

电流整定值 I /A	2A				4A		
测试序号	1	2	3	电流继电器两个线圈的接线方式：	1	2	3	电流继电器两个线圈的接线方式：
实测的启动电流 I_{dj}							
实测的返回电流 I_{fj}							
返回系数 K_f							
计算启动电流测量值与整定值的误差%							

2）测试过电压继电器的启动电压和返回电压

① 选择 DY-28C/160 型过电压继电器，确定其启动电压为额定电压的 1.5 倍，对电压整定值选取 150V。

② 根据电压整定值确定该过电压继电器线圈的接线方式。

③ 按图 3-1-3 接线，检查无误后，调节单相自耦调压器，使电压表读数逐渐增大，读取过电压继电器的动作电压值 U_{dj}，作为其动作的最小电压；读取过电压继电器返回电压值 U_{fj}，作为其返回的最高电压，记入表格 3-1-3。过电压继电器返回系数的计算方法与电流继电器计算方法相同。返回系数应大于 0.85，小于 0.9，当超出此范围时应进行调整。

3）测试低电压继电器的启动电压和返回电压

① 选择 DY-28C/160 型低电压继电器，确定其启动值为额定电压的 0.7 倍，对电压整定

值选取 70V。

② 根据电压整定值确定该低压继电器线圈的接线方式。

③ 按图 3-1-4 接线，检查接线无误后，调节单相自耦调压器，逐渐增大输出电压值，使电压表的读数增至 100V。然后，反向调节单相自耦调压器，降低输出电压值，记录当继电器舌片刚好跌落时的电压值，该电压值称为动作（启动）电压值，用 U_{dj} 表示。然后升高输出电压值，记录继电器舌片刚好被吸附时的电压值，该电压值称为返回电压值，用 U_{fj} 表示，将读取的数值记入表 3-1-3。最后，计算返回系数 K_f。

$$K_f = \frac{U_{fj}}{U_{dj}}$$

低电压继电器的返回系数取值通常小于 1.2，用于强行励磁回路时返回系数应小于 1.06。

在以上实验操作中，通过调节单相自耦调压器，以获得电流继电器或电压继电器的实验参数值，实验过程中要注意继电器舌片的转动情况。如果继电器舌片出现中途停顿或有其他不正常现象，需要检查轴承是否有污垢、触点接触否正常、舌片与电磁铁有无碰撞等现象。

动作电压值与返回电压值的测量应重复 3 次，每次测量值与整定值的误差不应超过 ±3%。否则，应检查轴承和轴尖。

本实验需要测试整定点电流或电压技术参数，还需要对继电器进行刻度检验。

具体操作如下：用整定电流的 1.2 倍电流值或额定电压的 1.1 倍电压值进行冲击实验，再次获取整定值，该值与整定值的误差不应超过±3%。否则，需要检查可动部分的支架与调整机构之间是否有问题，线圈内部是否发生层间短路等。

4）返回系数的调整

返回系数不满足要求时，应予以调整。影响返回系数的因素有轴间的表面粗糙度、轴承是否有污垢、静触点位置是否正确等，但影响较大的是继电器舌片端部与磁极间的间隙和继电器舌片的位置。

返回系数的调整方法主要有 3 种：

① 调整继电器舌片的起始位置角度和终止位置角度。通过调节继电器右下方的舌片起始位置限制螺杆，改变舌片起始位置角度，此操作能够改变启动电流值，但是对返回电流影响不大。因此，可利用改变舌片的起始位置角度调整启动电流和返回系数，继电器舌片起始位置角度与磁极的间隙越大，返回系数越小；反之，返回系数越大。

通过调节继电器右上方的舌片终止位置限制螺杆，可以改变舌片终止位置角度，此操作能够改变返回电流而对启动电流影响甚微。因此可通过改变舌片的终止位置角度调整继电器的返回电流和返回系数。舌片终止位置角度与磁极的距离越大，返回系数越大；反之，返回系数越小。

② 调整继电器舌片两端的弯曲程度以改变舌片与磁极的间距，进而调整继电器的返回系数。继电器舌片距离磁极位置越远，返回系数也越大；反之，返回系数越小。

③ 通过适当调节触点压力调整返回系数，需要注意的是，触点压力不能太小。

5）动作值的调整

① 当继电器的整定值过大，指针在最大刻度值附近时，可以通过调节继电器右下方的舌片起始位置限制螺杆调节舌片的起始位置角度，从而改变继电器的动作值。当继电器动作值偏小时，可以通过调节限制螺杆增大舌片与磁极距离；反之，则靠近磁极，缩短舌片与磁极间距。

② 继电器的整定值偏小，指针在最小刻度值附近时，可以通过调整弹簧位置改变继电器动作值。

③ 通过适当调节触点压力可以调整返回系数，需要注意的是触点压力不能太小。

3. 触点工作可靠性检验

1）过电流继电器或过电压继电器触点振动消除的方法

① 当继电器整定值设在刻度盘始端，实验中电流值（或电压值）接近动作值或整定值时，继电器触点出现振动，需使用以下方法消除振动。

如果继电器静触点弹片太硬或弹片间厚度和弹性不均匀，那么在不同的振动频率时容易引起静触点弹片的振动。当静触点弹片不能随继电器本身抖动而自由弯曲时，会因接触不良而产生火花。此时，需要更换静触点弹片。

如果继电器静触点弹片发生不正确弯曲，那么当继电器达到动作值时，静触点可能将动触点桥弹回。此时，也会产生振动现象。可使用镊子对继电器静触点弹片的弯曲度做适当调整。

如果由于动触点桥摆动角度过大引起触点较大振动时，可通过适当弯曲动触点桥的限制钩，以消除振动。

通过改变触点相遇角度也能达到减小触点的振动和抖动目的，此角度一般取55°~65°。

② 当用大电流（或高电压）检查时产生振动，可能由如下原因导致。

如果静触点弹片较薄会导致弹性不足，当继电器达到动作值时静触点弹片会由于过度弯曲，使舌片与限制螺杆相碰而弹回，从而造成静触点弹片振动。当继电器通过较大电流时，容易使静触点弹片变形，产生振动。

可以通过调整静触点弹片的弯曲度消除振动，即可以适当缩短静触点弹片的有效部分，使静触点弹片变硬。如果使用这种方法无效，那么需要更换静触点弹片。

当静触点弹片与防振片之间距离过大时，容易使静触点产生振动。此时，应通过适当调整其间隙距离以消除振动。

当继电器转轴在轴承中的横向间隙过大时，也容易使静触点产生振动。此时，应通过适当调整横向间隙、修理轴尖、选取与轴尖大小相应的轴承等方法以消除振动。

通过调整右侧限制螺杆的位置改变舌片的行程，使继电器静触点在电流值接近动作值时停止振动。当通过继电器的电流增大至整定值的1.2倍时，应检查触点是否有振动。

继电器动触点桥对舌片的相对位置不正确也会引起静触点的过分振动。此时，可以把动触点夹片座的固定螺丝拧松，使动触点桥在轴上旋转一个小角度，然后再将螺丝拧紧。操作时，应保持足够的触点距离和触点间的共同滑行距离。此外，通过改变继电器纵向窜动距离的大小，也可减小静触点振动的影响。

2）额定电压下低电压继电器振动的消除

低电压继电器的整定值通常都比较小，而且长期在额定电压下运行，转矩较大，使继电器舌片可能按 2 倍的电源频率振动，会导致轴尖和轴承或触点的磨损。因此，低电压继电器在额定电压下运行时需要仔细地调整，消除振动。采用方法如下：

① 按以上消除静触点振动的方法来调整继电器静触点弹片和触点位置，或改变纵向窜动距离的大小消除振动。

② 按继电器右上方舌片终止位置的限制螺杆向外拧，直到低电压继电器在额定电压下舌片与该螺杆不相碰时结束。操作过程中要注意动触点桥与静触点是否卡住，返回系数是否符合要求等。

③ 通过手动使继电器舌片与磁极间的上下间距不均匀（一般是上间隙大于下间隙）。在额定电压下，松开铝框架的固定螺丝，通过上下移动铝框架改变磁极间隙，找到一个静触点振动最小的铝框架位置之后，固定铝框架。通过这种操作也可以消除振动，但要注意操作过程中磁极间隙应小于 0.5mm，并防止舌片发生卡塞。

④ 对仅有常闭触点的低电压继电器，可采用使继电器舌片的起始位置移近磁极下方的方法，以减小振动的影响。

⑤ 若采用上述方法，振动仍未消除，则可以将继电器舌片的转轴取下，将舌片端部向内弯曲。

3）电压继电器触点应满足的要求

① 在额定电压下触点应无振动。

② 对于低电压继电器，当所加电压从额定值均匀下降到动作电压值和零值时，继电器触点应无振动和鸟啄现象。

③ 当以 1.05 倍的动作电压和 1.1 倍的额定电压冲击过电压继电器时，继电器触点应无振动和鸟啄现象。

4）电流继电器触点应满足的要求

当电流继电器受到 1.05 倍的动作电流冲击或保护回路出现最大故障电流时，触点应无振动和鸟啄现象。

五、实验报告

针对过电流/过电压/低电压继电器实验要求及相应动作值、返回值、返回系数的具体整定方法，写出电流继电器、电压继电器实验报告，并把实验数据记录到表 3-1-4 中。

第 3 章　电力自动化及继电保护实验

表 3-1-4　电压继电器实验结果记录表

继电器种类	过电压继电器				低电压继电器			
电压整定值 U/V	150V			过电压继电器两个线圈的接线方式：	70V			低电压继电器两线圈的接线方式：
测试序号	1	2	3		1	2	3	
实测的启动电压 U_{dj}								
实测的返回电压 U_{fj}								
返回系数 K_f								
计算启动电压测量值与整定值的误差%								

六、技术参数

（1）继电器触点系统的组合形式见表 3-1-5。

表 3-1-5　继电器触电系统的组合形式

继电器型号	继电器触点数量	
	常开触点	常闭触点
DL-21C, DY-21C, DY-26C	1	—
DL-22C, DY-22C	—	1
DL-23C, DY-23C, DY-28C	1	1
DL-24C, DY-24C, DY-29C	2	—
DL-25C, DY-25C	—	2

（2）继电器技术参数。电流继电器的技术参数见表 3-1-6，电压继电器的技术参数见表 3-1-7。

表 3-1-6　电流继电器的技术参数

型号	最大电流整定值/A	额定电流/A		长期允许电流/A		电流整定值范围/A	动作电流/A		最小整定值时的功率消耗/V·A	返回系数
		线圈串联	线圈并联	线圈串联	线圈并联		线圈串联	线圈并联		
DL-20C	0.05	0.08	0.16	0.08	0.16	0.0125～0.05	0.0125～0.025	0.025～0.05	0.4	0.8
	0.2	0.3	0.6	0.3	0.6	0.05～0.2	0.05～0.1	0.1～0.2	0.5	
	0.6	1	2	1	2	0.15～0.6	0.15～0.3	0.3～0.6	0.5	
	2	3	6	3	6	0.5～2	0.5～1	1～2	0.5	
	6	6	12	6	12	1.5～6	1.5～3	3～6	0.55	
	10	10	20	10	20	2.5～10	2.5～5	5～10	0.85	
	20	10	20	15	30	5～20	5～10	10～20	1	
	50	15	30	20	40	12.5～50	12.5～25	25～50	6.5	
	100	15	30	20	40	25～100	25～50	50～100	23	
	200	15	30	20	40	50～200	50～100	100～200	—	0.7

（3）动作时间。过电流/电压继电器在 1.2 倍整定值时，动作时间不大于 0.15s，在 3 倍整定值时，动作时间不大于 0.03s。低电压继电器在 0.5 倍整定值时，动作时间不大于 0.15s。

（4）接点断开容量。继电器在电压不大于 250V、电流不大于 2A 时的直流有感负荷电路（时间常数不大于 $5×10^3$s）中的接点断开容量为 40W；在交流电路中的接点断开容量为 200V·A。

（5）质量：约为 0.5kg。

表 3-1-7　电压继电器的技术参数

名称	型号	最大电压整定值/V	额定电压/V		长期允许电压/V		电压整定值范围/V	动作电压/V		最小整定值时的功率消耗/V·A	返回系数
			线圈并联	线圈串联	线圈并联	线圈串联		线圈并联	线圈串联		
过电压继电器	DY-21C—25C	60	30	60	35	70	15～60	15～30	30～60		0.8
		200	100	200	110	220	50～200	50～100	100～200		
		400	200	400	220	440	100～400	100～200	200～400		
低电压继电器	DY-26C，DY-28C，DY-29C	48	30	60	35	70	12～48	12～24	24～48	1	1.2～5
		160	100	200	110	220	40～160	40～80	80～160		
		320	200	400	220	440	80～320	80～160	160～320		
	DY-21C—DY-25C/60C	60	100	200	110	220	15～60	15～30	30～60	2.5	0.8

七、思考题

（1）电流继电器返回系数的取值为什么恒小于 1？

（2）什么是动作电流（或电压）、返回电流（或电压）和返回系数？

（3）在实验结果中，若返回系数不符合要求，如何正确地对其进行调整？

（4）在设计继电保护装置过程中返回系数有什么作用？

B 部分　电磁式时间继电器实验

一、实验目的

（1）熟悉 DS-20 系列时间继电器的实际结构、工作原理、基本特性。

（2）掌握 DS-20 系列时间继电器时限的整定和实验方法。

二、实验原理

DS-20 系列时间继电器用于各种继电保护回路和自动控制线路，使被控制元器件按时限控制原则进行动作。DS-20 系列时间继电器是带有延时机构的吸入型电磁式继电器，其中 DS-21—DS-24 型时间继电器内附热稳定限流电阻，其线圈适于短时工作。DS-21/C—DS-24/C 型时间继电器外附热稳定限流电阻，其线圈适于长时工作，DS-25—DS-28 型是交流时间继电器。

DS-20 系列时间继电器具有一组瞬时转换辅助触点、一组滑动主触点和一组终止主触点。该系列部分型号时间继电器正面内部接线图分别如图 3-1-5、图 3-1-6 和图 3-1-7 所示。

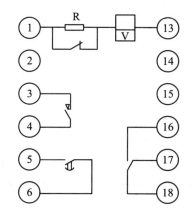

图 3-1-5 DS-21 型和 DS-22 型时间继电器正面内部接线图

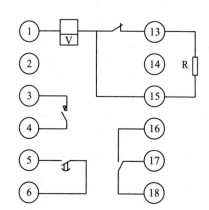

图 3-1-6 DS-21/C 和 DS-22/C 型时间继电器正面内部接线图

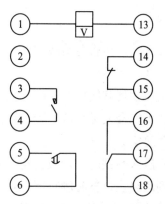

图 3-1-7 DS-25—DS-28 时间继电器正面内部接线图

当在时间继电器的线圈两端施加电压时，其衔铁克服塔形弹簧的反作用力被吸入，常开辅助触点瞬时闭合，常闭辅助触点瞬时断开。同时启动延时机构，滑动常开主触点先闭合。延时结束后闭合终止常开主触点，可以得到所需延时时间。当时间继电器线圈断电时，在塔形弹簧作用下，衔铁和延时机构立刻返回原位，主触点和辅助触点恢复初始状态。从时间继电器线圈被施加电压的瞬间开始到延时闭合常开主触点结束的时间就是时间继电器的延时时间。延时时间可通过整定螺丝移动静触点位置进行调整,并由螺丝下方的指针在刻度盘上指示需要设定的时限。

三、实验设备

实验设备型号、名称和数量见表 3-1-8。

表 3-1-8 实验设备型号、名称和数量

序号	设备名称	设备名称	数量
1	ZB13	DS-23 型时间继电器	1 个
2	ZB43	800Ω 可调电阻	1 个
3	ZB03	数字电秒表	1 个
4	ZB31	直流电压和直流电流表	各 1 个
5	DZB-01	可调直流操作电源	1 个
6	—	1000V 兆欧表	1 个
7	—	万用表	1 个

四、实验步骤和要求

1. 检查时间继电器的内部结构

(1) 观察时间继电器的内部结构,检查各组成零件是否完好,螺丝是否固定,检查焊接质量情况以及接线头压接是否良好。

(2) 检查衔铁部分。用手按衔铁使其缓慢动作时应无明显摩擦现象,放手后衔铁依靠塔形弹簧返回时应灵活自如。若不符合要求,应检查衔铁在黄铜套管内的活动情况,塔形弹簧在任何位置都不能出现重叠现象。

(3) 检查时间机构。当用手压入衔铁时,钟表机构开始启动,要求刻度盘指针在到达终止位置的过程中走动均匀,到达终止位置时触点闭合,期间不得出现走动忽快忽慢,跳动或中途卡住现象。若发现上述情况,则应先调整钟摆轴承螺丝。若调整之后仍存在上述情况,则需要在指导老师的帮助下将钟表机构解体检查。

(4) 检查触点。当用手压入衔铁时,瞬时转换常闭触点⑱和⑰断开,常开触点⑰和⑯应闭合。当时间整定螺丝固定在刻度盘上的任一位置时,用手压入衔铁,经过预定的延时时间,动触点应在距离静触点首端 1/3 位置处开始接触静触点,将其滑行到距静触点首端 1/2 位置处,即达到中心点,动触点停止。静触点可靠闭合,释放衔铁时,不应出现卡

涩现象，动触点应返回原位。检查触点时，动触点和静触点应保持清洁、无变形或烧损；否则，需要对其进行打磨修理。

2. 绝缘测试

用 1000V 兆欧表测试导电回路对铁芯或磁超导体的绝缘电阻及互不连接的回路之间的绝缘电阻，并将测得的数据记入表 3-1-9 中。然后比较绝缘电阻值，得出测试结论。

3. 动作电压和返回电压测试

按图 3-1-8 接线，将可调电阻 R 置于端点位置，使输出电压值最小。合上开关 S_1 和 S_2，继续调节可调电阻 R，使输出电压值逐渐升高。观察时间继电器，直到时间继电器的衔铁完全被吸入。保持可调电阻 R 位置不变，断开开关 S_1，然后再迅速合上开关 S_1，以冲击方式使时间继电器动作。若其不能动作，调整可调电阻 R，逐渐增大输出电压值，直到以冲击方式使时间继电器衔铁瞬时完全被吸入。此时，最低冲击电压即时间继电器的动作电压，用 U_d 表示。断开开关 S_1，将读取的动作电压值填入表 3-1-11 中。U_d 值应不大于 70%的额定电压值（U_{ed}=154V）。

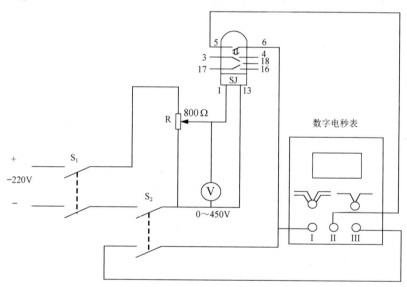

图 3-1-8 DS-23 型时间继电器的实验接线图

对于 DS-21/C—DS-24/C 型时间继电器，U_d 值应不大于 75%的额定电压值；对于 DS-25—DS-28 型时间继电器，U_d 值应不大于 85%的额定电压值。

合上开关 S_1、S_2，调节可调电阻 R 使输出电压值增至额定电压值 220V，然后调节可调电阻 R，使输出电压值逐渐降低。当电压降低到触点开启、继电器的衔铁刚好返回到原来的位置的电压，即时间继电器的返回电压，用 U_r 表示。断开开关 S_1，将读取的返回电压值填入表 3-1-11 中。U_f 值应不低于 0.05 倍额定电压（U_{ed}=11V）。

若测得的动作电压值过高，则应检查返回弹簧力量是否过强，衔铁在黄铜套管内的摩擦力是否过大，衔铁是否生锈或有污垢，线圈是否有匝间短路现象。若测得的返回电压值过低，则需检查摩擦力是否过大，返回弹簧力量是否过弱。

4. 动作时间测定

动作时间测定的目的是检查时间继电器控制延时动作的准确程度，也可间接发现时间继电器的机械部分是否有问题。

动作时间测定实验需在额定电压下进行，选取时间继电器在整定时限范围内 4 个点的时间整定值（见表 3-1-9）。针对每点测定 3 次，测定误差应符合表 3-1-10 所列的要求。

表 3-1-9　DS-23 型时间继电器的绝缘测试数据记录表

编号	测试项目	电阻值/MΩ	测试结论
1	磁导体—滑动主触点③④		
2	磁导体—终止主触点⑤⑥		
3	磁导体—瞬时转换触点⑯⑰⑱		
4	磁导体—线圈①⑬		
5	线圈⑬—触点③⑤⑯⑱		
6	触点③-④		
7	触点⑤-⑥		
8	触点⑯-⑱		

表 3-1-10　时间继电器测试记录

型号	时间整定值/s	整定值误差/s	型号	时间整定值/s	整定值误差/s
DS-21/C DS-21 DS-25	0.2	±0.05	DS-22/C DS-22 DS-26	1.2	±0.11
	0.5	±0.06		2.5	±0.15
	1	±0.08		3.7	±0.20
	1.5	±0.15		5	±0.25
DS-23/C DS-23 DS-27	2.5	±0.13	DS-24/C DS-24 DS-28	5	±0.2
	5	±0.20		10	±0.3
	7.5	±0.25		15	±0.4
	10	±0.30		20	±0.5

使用数字电秒表测定动作时间，按图 3-1-8 接线，先将时间继电器定时标度放在较小刻度上（对 DS-23 型时间继电器，可选取 2.5s）。合上开关 S_1、S_2，调节可调电阻 R，使时

间继电器两端电压达到额定电压 U_{ed}（本实验选用的时间继电器的额定电压为直流 220V）。断开开关 S_2，接通数字电秒表电源开关，使该电秒表处于工作状态。将数字电秒表复归，然后闭合开关 S_2，时间继电器与数字电秒表同时启动。时间继电器启动后经一定延时时间，触点⑤和⑥闭合。同时，将数字电秒表Ⅰ和Ⅱ的端口短接，数字电秒表停止记时。此时，数字电秒表显示的时间即时间继电器的延时时间，把测得的数据填入表 3-1-11 中，在每一整定时间刻度上动作时间需测定 3 次，取 3 次平均值作为此刻度上时间继电器的动作值。然后，改变定时标度，分别置于中间刻度 5.5s、8s 及最大刻度 10s 上，按上述方法各测定三次，取平均值。

动作时限应和刻度值基本相符，允许误差不得超过表 3-1-10 中规定的误差范围。当允许误差超出规定范围时，可调节钟表机构摆轮上弹簧的松紧程度，具体操作应在指导老师的帮助下进行。

为确保所测定的动作时间较为精确，在合上数字电秒表电源工作开关后应稍停片刻，然后再闭合开关 S_2，数字电秒表上的工作选择开关"K"应置于"连续"状态。

五、实验报告

在接线和实验操作结束后，要认真分析，结合电路原理说明和实验操作实践，写出实验报告，并把实验数据记录到表 3-1-9 和表 3-1-11 中。

表 3-1-11 DS-23 型时间继电器实验记录

继电器铭牌记录	内部结构检查记录					
额定电压	特性实验记录	动作电压/V	动作电压电为额定电压的百分之几	返回电压/V	返回电压为额定电压的百分之几	
整定范围		时间整定值/s	2.5s	5.5s	8s	10s
制造厂		第一次测试结果				
出厂年月		第二次测试结果				
号码		第三次测试结果				
		平均值				

六、技术参数

DS-20 系列时间继电器的有关技术参数，见表 3-1-12。

表 3-1-12 DS-20 系列时间继电器的有关技术参数

型号	时间整定值范围/s	电源类型	额定电压/V	动作电压不大于/V	返回电压不大于/V	额定电压下的功率消耗/W	触点数量	触点断开容量
DS-21	0.2~1.5	直流	24	$70\%U_{ed}$	$5\%U_{ed}$	10	延时常开终止主触点一组	当电流不大于1A及电压不高于220V（时间常数不超过5×10^3s）的有感负荷电路中，主触点的断开功率为50W；时间继电器主触点长期闭合电流为5A，瞬动触点长期闭合电流为5A
DS-22	1.2~5	直流	48					
DS-23	2.5~10	直流	110					
DS-24	5~20	直流	220					
DS-21/C	0.2~1.5	直流	24	$75\%U_{ed}$	$5\%U_{ed}$	7.5	延时常开主触点一组	
DS-22/C	1.2~5	直流	48					
DS-23/C	2.5~10	直流	110					
DS-24/C	5~20	直流	220					
DS-25	0.2~1.5	交流	110	$85\%U_{ed}$	$5\%U_{ed}$	3.5	瞬时转换主触点一组	
DS-26	1.2~5	交流	127					
DS-27	2.5~10	交流	220					
DS-28	5~20	交流	380					

七、思考题

（1）绝缘测试时发现绝缘电阻值下降情况不符合要求，试分析其中原因。

（2）影响 DS-20 系列时间继电器动作电压、返回电压的因素有哪些？

（3）对 DS-23 型时间继电器某一整定点的动作时间进行测定，如果所测数值大于（或小于）该点的整定时间，并超出允许误差，应该如何对其进行调整？

（4）时间继电器常应用在哪些继电保护回路和自动化控制线路中？举例说明。

实验二　DZ/DZB/DZS 系列中间继电器实验

一、实验目的

（1）熟悉具有代表性的 DZ/DZB/DZS 三个系列中的四种中间继电器的内部结构、工作原理及基本特性。

（2）掌握 DZ-30B/DZB-10B/DZS-10B 系列中间继电器的调整和测试方法。

二、实验原理

DZ-30B/DZB-10B/DZS-10B 系列中间继电器用于直流电源回路的各种继电保护装置和自动控制线路，作为辅助继电器使用，可以增加线路中触点数量和触点容量。

（1）DZ-30B 系列中间继电器是电磁式瞬时动作继电器。在其线圈两端施加的电压达到动作值时，衔铁向触点闭合位置运动，致使常开触点闭合，常闭触点断开。断开电源时，线圈两端电压消失，衔铁在接触片的反弹力作用下，返回初始状态，常开触点断开，常闭触点闭合。DZ-30B 系列中的 DZ-31B 型和 DZ-32B 型中间继电器内部接线如图 3-2-1 所示。

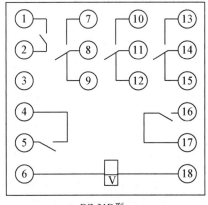
DZ-31B型
（三个常开触点、三个转换触点）

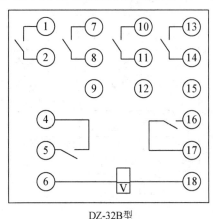
DZ-32B型
（六个常开触点）

图 3-2-1　DZ-30B 系列中的 DZ-31B 型和 DZ-32B 型中间继电器内部接线

（2）DZB-10B 系列中间继电器是瞬时动作继电器，它具有保持线圈，基于电磁感应原理进行工作。其中，DZB-11B/12B/13B 系列中间继电器为电压启动式、电流保持式；DZB-14B 继电器为电流启动、电压保持型。当在线圈两端施加电压（或电流），使其达到中间继电器动作值时，衔铁向闭合位置运动，中间继电器的常开触点闭合，常闭触点断开。当断开启动电源时，由于电压（或电流）保持线圈的存在使衔铁在磁场作用下仍然保持闭合，只有当保持线圈断电后磁场才消失，衔铁返回到初始状态，中间继电器常开触点断开，常闭触点闭合。DZB-10B 系列中的 DZB-11B/12B/13B/14B 型中间继电器内部接线如图 3-2-2 所示。

（3）DZS-10B 系列中间继电器带有延时时限，有动作延时和返回延时之分。其中，DZS-11B/13B 型中间继电器为动作延时继电器，DZS-12B/14B 型中间继电器为返回延时继电器。这两类继电器在线圈的上面或下面装有阻尼环，当线圈通电或断电时，阻尼环中的感应电流所产生的磁通会阻碍主磁通，使磁通量增加或减少。据此，该类继电器获得动作延时时限或返回延时时限。DZS-10B 系列中间继电器结构如图 3-2-3 所示，内部接线如图 3-2-4 所示。

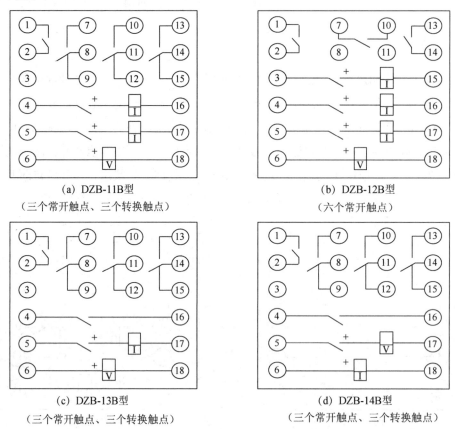

图 3-2-2　DZB-10B 系列中的 DZB-11B/12B/13B/14B 型中间继电器内部接线

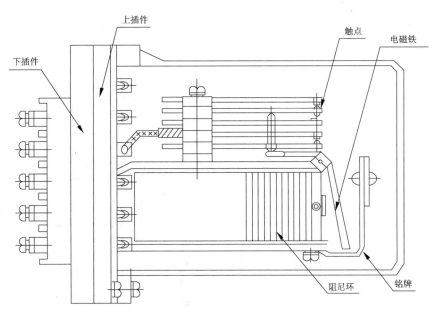

图 3-2-3　DZS-10B 系列中间继电器结构

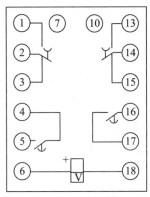

（a）DZS-11B 型
（两个常开触点、两个转换触点）

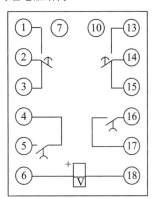

（b）DZS-12B 型
（两个常开触点、两个转换触点）

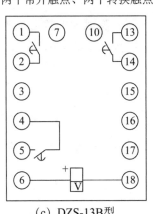

（c）DZS-13B 型
（三个常开触点）

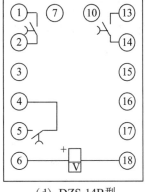

（d）DZS-14B 型
（三个常开触点）

图 3-2-4　DZS-10B 中间继电器内部接线

三、实验设备

实验设备型号、名称和数量见表 3-2-1。

表 3-2-1　实验设备型号、名称和数量

序号	设备型号	设备名称	数量
1	ZB11	DZB-12B (-220V/0.5A)	1个
2	ZB14	DZB-31B 或 DZB-14B	1个
3	ZB16	DZB-12B 或 DZS-12B	1个
4	ZB31	直流电压表和直流电流表	各1个
5	ZB43	800Ω可调电阻	1个
6	ZB03	数字电秒表	1个
7	DZB01	直流操作电源	1个
8	DZB01-1	触点通断指示灯	1个
9	DZB01-2	220Ω可调电阻	4个

四、实验步骤和要求

1. 检查继电器内部结构及触点是否保持良好

（1）触点应在正位接触，各对触点应同时接触同时断开。

（2）触点接触后应有足够的压力和共同的行程，触点之间接触良好。

（3）转换触点在切换过程中应能满足保护功能要求。

2. 测量继电器线圈直流电阻

用电桥或万用表的电阻挡测量继电器线圈的直流电阻，将测得的数值与所对应继电器的额定技术数据进行比较，实测值不应超过继电器制造厂规定值的±10%。

3. 绝缘测试

用 1000V 兆欧表测试全部端子对铁芯的绝缘电阻应不小于 50MΩ，各个绕组之间的绝缘电阻应不小于 10MΩ，绕组与触点之间及各个触点之间的绝缘电阻应不小于 50MΩ。

4. 测定 DZ-31B 型中间继电器动作值与返回值

DZ-31B 型电压启动式中间继电器实验接线如图 3-2-5 所示。操作步骤如下：实验时调整可调电阻 R，使输出电压逐渐增大，达到继电器动作值。此时，指示灯亮；断开开关 S，

然后瞬间合上开关 S，观察指示灯是否依然亮着。若指示灯不亮，则说明该继电器不能动作，需要调节可调电阻，逐渐增大输出电压，直到施加在该继电器两端的电压恰好使衔铁完全被吸入。此时，电压值为使该继电器动作的最低电压值，即动作电压值。然后该继电器的动作电压值不应大于额定电压的 70%，动作电流值不应大于其额定电流值。出口继电器动作电压值应为其额定电压的 50%～70%。

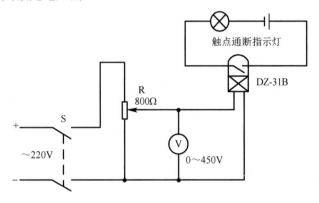

图 3-2-5　DZ-31B 型电压启动式中间继电器实验接线

继续调节可调电阻 R，降低该继电器两端电压值。当该继电器的衔铁返回到初始位置时，指示灯灭，此时电压值为使该继电器返回到初始位置的最大电压值，即返回电压值。DZ-30B 及 DZS-10B 系列中间继电器的返回电压值不应小于额定电压的 5%，DZB-10B 系列中间继电器的返回电压（或电流）值不应小于额定值的 2%。

本实验测试数值的取值满足以下关系式：$U_{op} \leqslant 220\text{V} \times 70\%$；$U_{re} \geqslant 220\text{V} \times 5\%$。

DZ-31B 型电压启动式中间继电器实验参考数据见表 3-2-2。

表 3-2-2　DZ-31B 型电压启动式中间继电器实验参考数据

动作电压 U_{op} / V	返回电压 U_{re} / V	返回系数 K_{re}	线圈电阻 R/Ω
98	24	0.25	12.5

5. 保持值测试

对于 DZB-10B 系列具有保持绕圈的中间继电器，需要测量保持线圈的保持电流（或电压）值。

DZB-14B 型电流启动电压保持式中间继电器实验接线如图 3-2-6 所示。操作步骤如下：闭合开关 S_1 和 S_2，使输出电流值增大；当输入线圈的电流达到额定电流值时，继电器动作，指示灯亮；调整保持线圈回路的电压值，使电压值稳定，断开开关 S_2，指示灯保持发亮。能使继电器保持动作的最小电压值称为继电器保持电压最小值。电压保持线圈的保持电压最小值不得大于额定电压值的 65%。但也不得过小，以免继电器不能可靠返回。

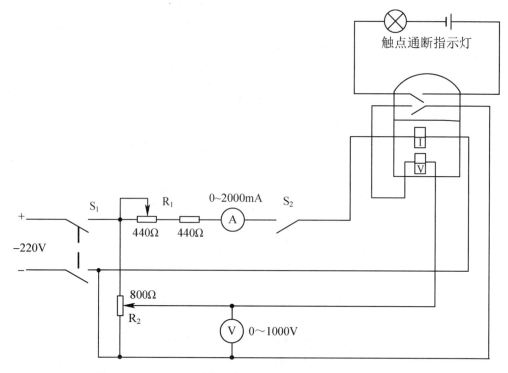

图 3-2-6 DZB-14B 型电流启动电压保持式中间继电器实验接线

当继电器的动作电压值、返回电压值和保持电流值与各自要求的数值相差较大时,可以通过调整弹簧的拉力或者调整衔铁限制机构,以改变衔铁与铁芯的气隙,使测量结果达到要求。继电器经过调整后,应重新测量动作电压值、返回电压值和保持电流值。

DZB-14B 型电流启动电压保持式中间继电器实验参考数据见表 3-2-3。

表 3-2-3 DZB-14B 型电流启动电压保持式中间继电器实验参考数据

动作电流 I_{op}/mA	保持电压最小值 U_1/V	返回电压最大值 U_2/V
260	55	52

DZB-12B 型电压启动电流保持式中间继电器实验接线如图 3-2-7 所示。操作步骤如下:闭合开关 S_1 和 S_2,使输出电压值增大,当电压动作线圈的电压值达到额定电压值时继电器动作,指示灯亮;调整电流保持线圈回路的电流,使电流值稳定;断开开关 S_2,指示灯保持发亮。继电器能保持动作的最小电流值即继电器保持电流最小值,电流保持线圈的保持电流最小值不应大于额定电流值的 80%。

DZB-12B 型电压启动电流保持式中间继电器实验参考数据见表 3-2-4。

表 3-2-4 DZB-12B 型电压启动电流保持式中间继电器实验参考数据

动作电压 U_{op}/V	保持电流最小值 I_1/mA	返回电流最大值 I_2/mA
98	240	236

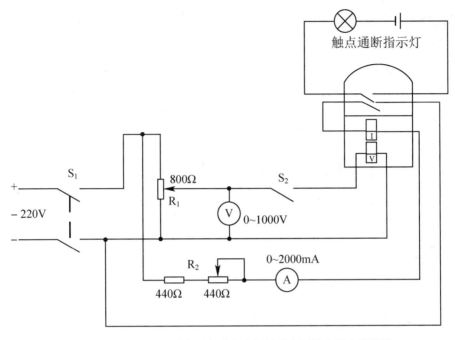

图 3-2-7　DZB-12B 型电压启动电流保持式中间继电器实验接线

6. 极性检验

带有保持线圈的中间继电器在新安装或线圈重绕后应作极性检验，以判明各个线圈的同极性端子。线圈极性的判定可在检验保持值时进行，也可单独作极性检验予以判定。线圈极性应与制造厂铭牌所标极性一致。

7. 返回时间测定

测定返回时间的注意事项如下：

（1）实验接线方式可根据所用数字电秒表的型号而定，但要求在测试时操作闸刀应保证触头同时接触与断开（可用瞬时中间继电器的触点来代替操作闸刀），以减少测量误差。

（2）在额定电压下测定延时返回中间继电器的返回时间时，对经常处于通电状态的延时返回中间继电器，应在热状态下测定其返回时间。

（3）对延时返回时间要求严格的继电器，应在 80%及 100%额定电压下测定其返回时间。

（4）在特殊需要的情况下，可测定瞬时动作中间继电器的动作时间和返回时间，可测定用于切换回路的中间继电器有关触点的切换时间，但一般情况下不用测定。

测定继电器返回时间的步骤如下：

按图 3-2-8 接线，检查无误后，闭合开关 S，将数字电秒表复归，调节可调电阻 R，增大输出电压值，直到输出电压值为两个中间继电器的额定电压值，各个继电器动作：DZ-31B 型继电器的常闭触点⑧和⑨断开，DZS-12B 型继电器的常开触点④和⑤闭合，数字电秒表没有接通，不计时。断开开关 S，各个继电器失电，DZ-31B 型继电器的常闭触点⑧和⑨复归，重新闭合，数字电秒表Ⅰ和Ⅲ的端口短接，开始计时。经一定延时间后，DZS-12B 型继电器的延时常开触点断开，数字电秒表停止计时。此时，数字电秒表所示时间即继电器的返回时间，记为通断延时时间 t（t=1.25s）。

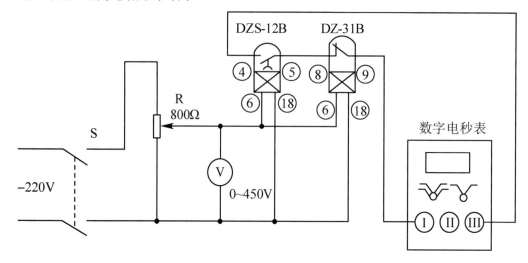

图 3-2-8　继电器返回时间测定实验接线

继电器返回时间的调整方法如下：

电磁式中间继电器的线圈在接入或断开电源时，由于线圈电感的影响，电流按指数规律增大或衰减。由于铁芯中的涡流能够抑制线圈中电流的增大或衰减，故造成继电器的延时特性。

继电器返回时间一般采用下述方法进行调整。

① 在圆柱铁芯根部套上较多的铜质阻尼环。
② 使用与阻尼环起同样作用的阻尼线圈。
③ 减小继电器衔铁与铁芯的间隙。
④ 减少反作用弹簧的拉力。

阻尼环阻尼的大小是由时间常数 $T=L/R$ 决定的，因为所使用阻尼环只有一匝，所以电感不大。实际使用中为了尽量减少电阻，就必须选择导电性能良好和截面大的线圈。阻尼环感应电流所产生的磁通大小与阻尼环安装位置有关：若阻尼环安装在铁芯端部靠近气隙处，则延时动作的作用大，若阻尼环安装在铁芯根部，则延时返回的作用大。实际使用时，可根据具体情况对阻尼环安装位置进行调整。调整后，需重新测量继电器的动作值、返回值和保持值。

五、实验报告

在接线和实验结束后，要认真分析，结合电路原理和实验操作实践，写出实验报告，并把实验数据分别记录到表 3-2-5、表 3-2-6、表 3-2-7 中。

表 3-2-5　DZ-31B 型电压启动式中间继电器实验数据记录

动作电压 U_{op} / V	返回电压 U_{re} / V	返回系数 K_{re}	线圈电阻 R / Ω

表 3-2-6　DZB-14B 型电流启动电压保持式中间继电器实验数据记录

动作电流 I_{op} / mA	保持电压最小值 U_1 / V	返回电压最大值 U_2 / V

表 3-2-7　DZB-12B 型电压启动电流保持式中间继电器实验数据记录

动作电压 U_{op} / V	保持电流最小值 I_1 / mA	返回电流最大值 I_2 / mA

六、技术数据

DZB-10B 系列中间继电器的额定技术数据及触点形式见表 3-2-8。

表 3-2-8　DZB-10B 系列中间继电器的额定技术数据及触点形式

型号及触点形式	额定值		线圈 1		线圈 2		
	电压/V	电流/A	线直径/mm	匝数/W	线直径/mm	匝数/W	电阻/Ω
DZB-11B （三个常开触点、三个转换触点）	220	0.5	0.25	400	0.07	26000	8900±800
	220	1	0.35	200	0.07	26000	8900±800
	220	2	0.51	100	0.07	26000	900±800
	220	4	0.72	50	0.07	26000	8900±800
	110	0.5	0.25	400	0.1	12750	2150±200
	110	1	0.35	200	0.1	12750	2150±200
	110	2	0.51	100	0.1	12750	2150±200
	110	4	0.72	50	0.1	12750	2150±200
	110	8	1.0	25	0.1	12750	2150±200
DZB-12B （六个常开触点）	48	0.5	0.25	400	0.15	5950	445±40
	48	1	0.35	200	0.15	5950	445±40
	48	2	0.51	100	0.15	5950	445±40
	48	4	0.72	50	0.15	5950	445±40
	48	8	1.0	25	0.15	5950	445±40
	24	2	0.72	50	0.21	3440	130±10
	24	4	1.0	25	0.21	3440	130±10

续表

型号及触点形式	额定值		线圈 1		线圈 2		
	电压/V	电流/A	线直径/mm	匝数/W	线直径/mm	匝数/W	电阻/Ω
DZB-13B（三个常开触点、三个转换触点）	220	0.5	0.25	400	0.07	36400	1140±1000
	220	1	0.35	200	0.07	36400	11400±1000
	220	2	0.51	100	0.07	36400	11400±1000
	220	4	0.72	50	0.07	36400	11400±1000
	110	0.5	0.25	400	0.1	18750	2750±200
	110	1	0.35	200	0.1	18750	2750±200
	110	2	0.51	100	0.1	18750	2750±200
	110	4	0.72	50	0.1	18750	2750±200
	110	8	1.0	25	0.1	18750	2750±200
	48	0.5	0.25	400	0.15	8350	570±50
	48	1.0	0.35	200	0.15	8350	570±50
	48	2	0.51	100	0.15	8350	570±50
	48	4	0.72	50	0.15	8350	570±50
	48	8	1.0	25	0.15	8350	570±50
	24	4	0.72	50	0.21	4300	150±10
	24	8	1.0	25	0.21	4300	150±10
DZB-14B（三个常开触点、三个转换触点）	220	0.5	0.25	1400	0.06	35500	16600±1000
	220	1	0.35	700	0.06	35500	16600±1000
	220	2	0.57	350	0.06	35500	16600±1000
	220	4	0.72	175	0.06	35500	16600±1000
	110	0.5	0.25	1400	0.08	19900	5230±500
	110	1	0.35	700	0.08	19900	5230±500
	110	2	0.51	350	0.08	19900	5230±500
	110	4	0.72	175	0.08	19900	5230±500
	110	8	1.0	28	0.08	19900	5230±500
	48	1	0.35	700	0.13	9000	900±60
	48	8	1.0	88	0.13	9000	900±60
	24	2	0.51	350	0.18	4500	225±30

七、思考题

（1）目前，DZ-30B 系列中间继电器在一些保护屏上得到广泛采用，它与 DZ-10 系列中间继电器相比具有哪些优点？

（2）对具有保持线圈的中间继电器应如何进行极性检验？如何判明各个线圈的同极性端子？

（3）选择中间继电器的指标有哪些？

（4）在发电厂、变电所的继电保护装置及自动装置回路中常用的中间继电器有哪些？

实验三 6～10kV 线路过电流保护实验

一、实验目的

（1）掌握 6～10kV 线路过电流保护原理，认识二次回路接线图中的原理接线图和展开接线图。

（2）熟悉本实验中继电保护实际设备与原理接线图和展开接线图的对应关系，为后续电力控制与继电保护实验打下良好的基础。

（3）熟悉实际电路接线操作步骤，掌握起过电流保护作用的继电器整定调试和动作实验方法。

二、实验原理

（一）6～10kV 线路原理接线图

电力自动化与继电保护设备称为二次设备，二次设备经导线或控制电缆以一定方式与其他电气设备相连接的电路称为二次回路或二次接线。二次回路接线图中的原理接线图和展开接线图是广泛应用的两种二次接线图。

原理接线图用来表示继电保护回路和自动装置线路的工作原理。所有的元器件都以整体的形式绘制在一张图上，相互联系的电流回路、电压电路、交流回路、直流回路都综合在一起，为了表明其对一次回路的影响，将一次回路的有关部分也画在原理接线图中。这样，就可以对这个回路有一个明确的整体认识。图 3-3-1 表示 6～10kV 线路的过电流保护原理接线图，也是最基本的继电保护电路。

从图 3-3-1 中可以看出，整套保护装置由 5 个继电器组成，电流继电器 3、4 的线圈连接在 A、C 两相电流互感器的副边绕组回路中，构成两相星形接线。当发生三相短路或任意两相短路时，流过继电器的电流超过整定值，继电器 3、4 的常开触点闭合，使时间继电器 5 的线圈回路接通直流电源电压，时间继电器启动，经过一定的时间其延时触点闭合，接通信号继电器 6 和继电保护跳闸出口继电器 7 的线圈回路，这两个继电器同时启动：信号继电器 6 的常开触点闭合，发出过电流保护动作信号并自保持；继电保护跳闸出口继电器 7 的触点闭合后，把断路器 1 的辅助触点 8 和跳闸线圈 9 以串联形式接通直流电源，使跳闸线圈 9 通电。跳闸电磁铁励磁，脱扣机构动作，导致断路器 1 跳闸，切断故障电流。断路器 1 跳闸后，其辅助触点 8 重新断开，切断跳闸回路。

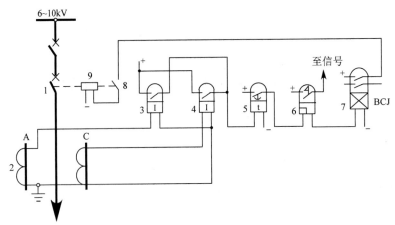

1—断路器；2—电流互感器；3、4—电流继电器；5—时间继电器；
6—信号继电器；7—继电保护跳闸出口继电器；8—断路器的常开辅助触点；9—跳闸线圈

图 3-3-1　6～10kV 线路的过电流保护原理接线图

原理接线图因为包含继电保护回路和自动装置线路的工作原理，以及构成这套装置所需要的电气设备，所以它可作为设计二次回路的原始依据。在原理接线图上各个继电器之间的联系是用整体连接表示的，没有画出继电器内部接线和引出端子的编号、线圈回路的编号。对直流电源，仅标明了电源的极性，没有标注熔断器及接线从哪个熔断器下引出。对信号继电器回路，仅在图中标出"至信号"，也没有具体接线图。因此，依据原理接线图不能进行二次回路施工，还需要配合其他二次回路接线图，而展开接线图就是其中的一种。

（二）6～10kV 线路展开接线图

展开接线图是将整个电路图按交流电流回路、交流电压回路和直流操作回路，分别画成几个彼此独立的部分。对同一个仪表和电器的电流线圈、电压线圈和触点，要根据其作用分开画在不同的回路里。为了避免混淆，属于同一元件的线圈和触点采用相同的文字符号表示。

展开接线图通常分成交流电流回路、交流电压回路、直流操作回路和信号回路等几个主要组成部分，每部分又分成若干行。交流电流/电压回路按 A、B、C 相序，直流操作回路根据继电器的动作顺序从上至下按行排序，每行中各元件的线圈和触点按实际动作顺序连接，在每个回路的右侧附有文字说明。

对展开接线图中的图形符号和文字标号，必须按国家统一规定的图形符号和文字标号标注。

图 3-3-2 是根据图 3-3-1 所示的原理接线图而绘制的展开接线图，其左侧是保护回路展开图，附有文字说明，右侧是线路示意图。从图 3-3-2 中可以看出，6～10kV 线路的过电流保护展开接线图由交流电流回路、直流操作回路和信号回路三部分组成。交流电流回路由电流互感器 1LH、2LH 的副边绕组供电，电流互感器连接在 A、C 两相上，其副边绕组分别接入电流继电器 1LJ、2LJ 线圈，用一根公共线引出，构成两相星形（或不完全星形）接

线。在图 3-3-2 中 A411、C411 和 N411 为回路编号。

在直流操作回路中,图形两侧的竖线表示正、负电源,向上的箭头及编号"101"和"102"表示它们分别引自控制回路正极端和负极端的熔断器 FU_1 和 FU_2。图形中上面两回路为时间继电器启动回路,通过时间继电器线圈实现动作,第三回路为信号继电器和中间继电器启动回路,通过信号继电器线圈和中间继电器线圈实验动作,第四回路为信号指示回路,通过光字牌指示继电器状态,第五回路为跳闸回路,通过跳闸线圈实现动作。

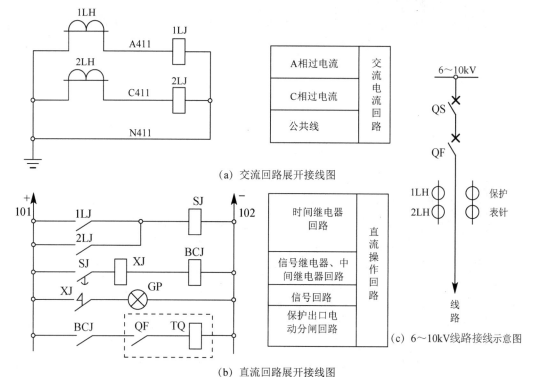

QS—隔离开关;QF—断路器;1LH、2LH—电流互感器;1LJ、2LJ—电流继电器;
SJ—时间继电器;XJ—信号继电器;BCJ—继电保护跳闸出口继电器;TQ—跳闸线圈

图 3-3-2　6～10kV 线路过电流保护展开接线图

（三）6～10kV 线路的过电流保护原理说明

本实验模拟被保护线路出现过电流时二次回路的动作情况,实验接线如图 3-3-3 所示。调节单相自耦调压器和可调电阻 R_1,使线路电流增大;电流继电器 LJ 动作（注:实验中交流电流回路采用单相式）,直流回路中的 LJ 常开触点闭合,时间继电器 SJ 的线圈回路接通,SJ 动作;经过一定延时时限,时间继电器延时触点闭合,信号继电器 XJ 的线圈和继电保护跳闸出口继电器 BCJ 的线圈回路接通,BCJ 动作,其常开触点闭合,跳闸回路接通（因交流回路中的断路器 QF 处在合闸状态,故在直流回路中其常开触点 QF 是闭合的）。在跳闸线圈 TQ 两端施加电压,使断路器跳闸,切断交流回路中的短路电流。同时,时间继电器 XJ 动作并自保持,XJ 常开触点闭合,接通光字牌 GP,光字牌亮,显示"6～10kV 过电流保护动作指示"。

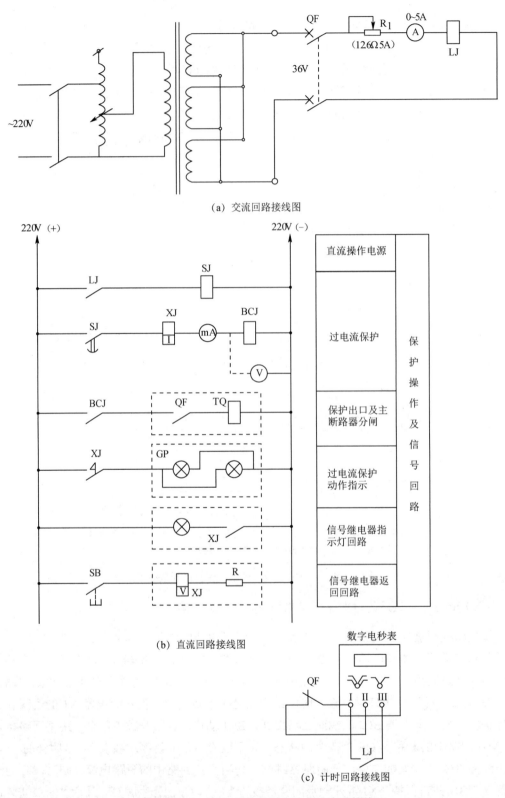

(a) 交流回路接线图

(b) 直流回路接线图

(c) 计时回路接线图

图 3-3-3　6～10kV 线路的过电流保护实验接线

三、实验设备

实验设备型号、名称和数量见表 3-3-1。

表 3-3-1 实验设备型号、名称和数量

序号	设备型号	设备名称	数 量
1	ZB11	DL-24C/6 型电流继电器	1 个
		DZB-12B 型继电保护跳闸出口继电器	1 个
2	ZB12	DS-22 型时间继电器	1 个
		JX-21A/T 型信号继电器	1 个
3	ZB01	断路器触点及控制回路模拟箱	1 个
4	ZB03	数字电秒表及开关组件	1 个
5	ZB05	光字牌组件	1 个
6	ZB31	直流数字电压表、直流数字电流表	各 1 个
7	ZB35	存储式智能有效值交流电流表	1 个
8	DZB01-1	变流器	1 个
		复归按钮	1 个
		可调变阻 R_1（12.6Ω，5A）	1 个
		交流电流	1 个
		单相自耦调压器	1 个
9	DZB01	直流操作电源	1 个

四、实验步骤和要求

（1）选择电流继电器的动作值，确定线圈接线方式（串联还是并联）和时间继电器的动作时限。例如，额定运行时的工作电流为 3A，可选择 DL-24C/6 型电流继电器，其整定动作值为 4.2A，或者选择 DS-22 型时间继电器，其整定动作时限为 2.5s，也可根据指导老师要求进行整定。

（2）按照实验一的调试方法，分别对电流继电器和时间继电器的动作值及相关参数进行整定调试。

（3）按图 3-3-3 所示进行实验接线。

（4）将单相自耦调压器、变流器、可调电阻、交流电流表和电流继电器的线圈等连接成交流电流回路。

（5）检查上述实验接线和组成设备，确定无误后，根据实验原理说明输入电流，进行 6～10kV 线路过电流保护动作实验。然后，按表 3-3-2 要求，记录实验数据。

五、实验报告

（1）按实验要求写出 6～10kV 线路过电流保护的实验报告。

（2）叙述过电流保护继电器动作值整定和实验的方法与操作步骤。

（3）分析实验数据，填写表 3-3-2。

表 3-3-2 实验数据记录

序号	代号	型号	整定值范围	实验整定值或额定工作值	线圈接法	过电流时的工作状态	用途
1	LJ	DL-24C/6(ZB11)	2.4~4.8A				
2	SJ	DS-22(ZB12)	220V/3.7s				
3	XJ	JX-21A/T(ZB12)	220V/0.01~4A				
4	BCJ	DZB-12B(ZB11)	220V/0.5s				
5	GP	ZB05	220V				
6	R						

六、思考题

（1）根据过电流保护原理图和展开接线图，如何绘制过电流保护实验接线图？

（2）本实验中为什么要选择电流继电器的动作值和时间继电器的动作时限并对其进行整定？

（3）在 6～10kV 线路过电流保护回路中，哪一种继电器属于测量元件？

实验四　发电机低电压启动过电流保护与过负荷保护实验

一、实验目的

（1）熟悉发电机低电压启动过电流保护和过负荷保护的工作原理、继电器动作值整定计算和调试方法。

（2）理解发电机低电压启动过电流保护与过负荷保护的原理图、展开接线图及其保护装置中各个继电器的作用。

（3）掌握发电机低电压启动过电流保护与过负荷保护的接线操作方法及实验测试方法。

二、实验原理

（一）发电机低电压启动过电流保护原理与整定

由于发电机的负荷电流通常比较大，因此会造成过电流保护装置对外部故障的反应灵敏度较低，不满足要求。为了提高灵敏度，采用低电压启动的过电流保护，使保护装置能有效地区分最大负荷电流与外部故障两种不同的情况。发电机低电压启动过电流保护与过负荷保护原理图及展开接线图分别如图 3-4-1 和图 3-4-2 所示。发电机在最大负荷电流下工

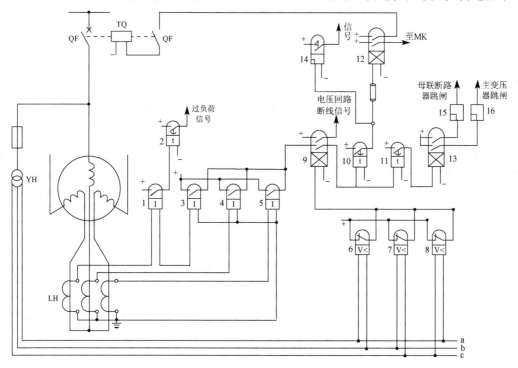

图 3-4-1　发电机低电压启动过电流保护与过负荷保护原理图

作时，其电压不可能大幅度降低，而当外部元件（如输电线路、升压变压器等）发生短路故障时，其电压会剧烈降低。利用这一特点，对发电机低电压启动过电流保护线路的电流定值，就无须考虑躲开最大负荷电流，只按发电机的额定电流整定，就可使保护装置的启动电流减小，灵敏度提高。

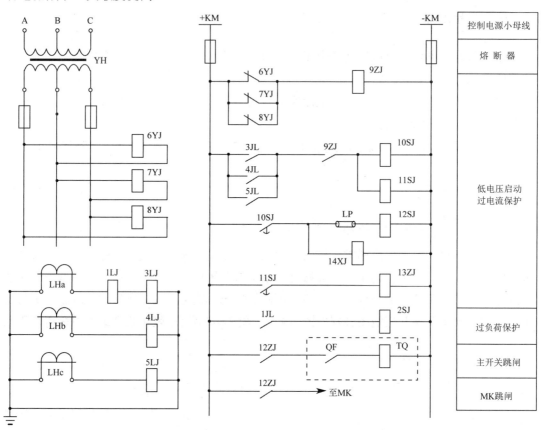

图 3-4-2　发电机低电压启动过电流保护与过负荷保护展开接线图

考虑到发电机是电力系统中最重要的元件之一，为了提高继电保护装置的可靠性，保护装置的实验电路采用三相星形接线方式。

为了使过电流保护能对发电机内部故障起后备保护作用，过电流保护所用的电流互感器应装设在发电机定子三相线圈中性点侧的各相引出线上。为了保证发电机在未并入系统前或与系统解列以后发生短路时保护装置仍能正确工作，电压继电器应从安装在发电机出口处的电压互感器上获得电压，在实际保护线路接线中这些要点必须掌握。

在本实验保护线路中，当电压互感器 YH 二次回路断线时，导致低电压继电器动作，从而启动中间继电器 9，该继电器发出"电压回路断线信号"，同时起到交流电压回路断线监视作用。发电机低电压启动过电流保护装置的动作电流 I_{dz} 按下式整定。

$$I_{dz} = \frac{K_k}{K_h} I_{th.e}$$

式中，K_k 为可靠系数，其值一般为 1.15～1.25；K_h 为电流元件的返回系数，其值可取 0.85；$I_{th.e}$ 为发电机折算到电流互感器二次侧的额定电流。

保护装置的低电压启动值按躲开电动机启动时其母线上出现的最低电压整定值，其一般可以取为

$$U_{dz} = (0.5 \sim 0.6)U_e$$

式中，U_e 为发电机折算到电压互感器二次侧的额定电压。

保护装置的动作时限应该比连接在发电机母线上其他元件的保护装置的最大动作时限 t_{max} 高 1～2 个时间阶梯 Δt，即

$$t = t_{max} + (1 \sim 2)\Delta t$$

当一次回路有分段母线时，保护装置通常分为两段时限，保护装置动作后，以较小的时限作用于主变压器断路器、分段断路器和母联断路器（图 3-4-1 中的时间继电器 11 整定值为 2s），以较大的时限作用于发电机断路器和自动灭磁开关（图 3-4-1 中的时间继电器 10 的整定值为 2.5s）。当相邻发电机母线或高压母线发生故障并且相应的保护装置拒绝动作时，本段发电机的低压过电流保护线路先将主变断路器、分段断路器和母联断路器断开，将本段母线与故障部分隔离，保证对本段母线的可靠供电。在发电机低电压启动过电流保护线路中进行动作时限配合时要注意以上问题。

（二）过负荷保护原理与整定

由于发电机低电压启动的过电流保护不能反映线路的过负荷情况，因此还需要过负荷保护，其展开接线图如图 3-4-2 所示。保护回路由电流继电器 1LJ 和时间继电器 2SJ 组成。短时间的过负荷不会使发电机遭到破坏，一般不需要设置保护动作将发电机断开，在发电厂中过负荷保护只负责发出信号。过负荷具有对称性，因此只须在一相中装设过负荷保护。过负荷保护与过电流保护可共用一组电流互感器。

过负荷保护的动作电流按下式整定：

$$I_{dz} = \frac{K_k}{K_h} I_{th.e}$$

式中，K_k 为可靠系数，其值取 1.05；K_h 为返回系数，其值取 0.85；$I_{th.e}$ 为发电机折算到电流互感器二次测的额定电流。

为了防止发电机外部元件出现短路时过负荷保护发生误动作，可将过负荷保护动作时间整定为大于发电机过电流保护的动作时间。在实际运行中，当出现可以自行消除的短暂过负荷时，为了使过负荷保护不发出信号，通常将过负荷保护的动作时间整定为 9～10s（图 3-4-2 中的 2SJ 动作时间整定为 9s）。

发电机低电压启动过电流保护与过负荷保护实验接线图如图 3-4-3 所示。

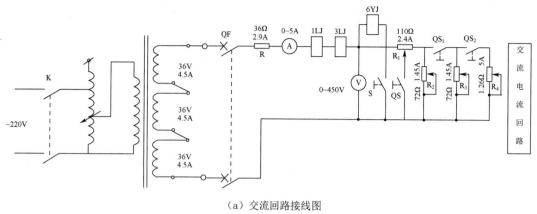

(a) 交流回路接线图

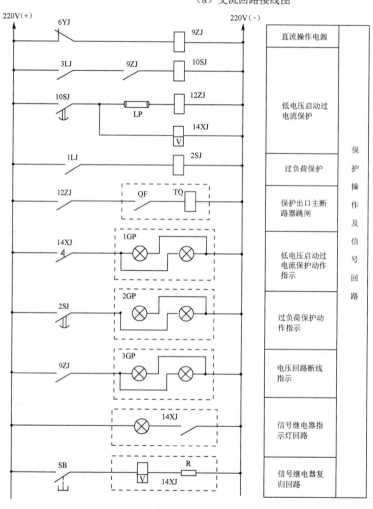

(b) 直流回路接线图

图 3-4-3 发电机低电压启动过电流保护与过负荷保护实验接线图

三、实验设备

实验设备型号、名称和数量见表 3-4-1。

表 3-4-1 实验设备型号、名称和数量

序号	设备型号	设备名称	数量
1	ZB12	DL-24C/2 型电过流继电器	1个
		DS-22 型时间继电器	1个
2	ZB13	DL-24C/0.6 型过电流继电器	1个
		DS-22 型时间继电器	1个
3	ZB14	DZ-31B 型中间继电器	2个
4	ZB15	DY-28C/160 型低电压继电器	1个
		DXM-2A 型信号继电器	1个
5	ZB01	断路器触点及控制回路模拟箱	1个
6	ZB03	数字电秒表及开关组件	1个
7	ZB05	光字牌组件	1个
8	ZB35	存储式智能有效值交流电流表	1个
9	ZB36	存储式智能有效值交流电压表	1个
10	DZB01-1	变流器	1个
		复归按钮	1个
		可调变阻 R_1（12.6Ω）	1个
		交流电源	1个
		单相自耦调压器	1个
11	DZB01	直流操作电源	1个

四、实验步骤和要求

（1）确定电压继电器与电流继电器的动作值，确定继电器线圈的接线方式，确定时间继电器的动作时限及动作时限配合系数。

本实验过负荷保护选择 DL-24C/0.6 型过电流继电器，其整定值为 0.6A；DS-22 型时间继电器的整定动作时限为 9s；过电流保护选择 DL-24C/2 型过电流继电器，其整定值为 0.71A；DS-22 型时间继电器整定动作时限为 2.5s。发电机低电压启动保护选择 DY-28C/160 型低电压继电器，其整定值为 60V；也可根据需要，按照实验指导书中的公式计算确定该型号继电器的整定值。

（2）对实验中使用的低电压继电器、过电流继电器、时间继电器进行动作值整定及参数整定调试。

（3）按图 3-4-3 所示的实验接线图进行接线。

(4) 连接线路并使之形成电流回路和电压回路，将电流调试信号接入过电流保护回路及过负荷保护回路中的电流继电器端子，将电压调试信号接入低电压继电器端子。

(5) 检查上述接线方式和组成设备，确定无误后，调整线路中的电流值和电压值，进行动作测试实验。观察各元件动作过程并记录实验数据，分析保护电路中各个继电器的作用、动作顺序和时限配合关系。

需要注意的是，在实验中严禁将电压调试信号接入电流回路。在实验中要注意观察发电机低电压启动过电流保护线路中各个元件的工作情况，确保实验的每一个环节操作正确。

五、实验报告

实验结束后，分析各个继电器的动作特性，写出实验报告并将实验数据和分析结果填入表 3-4-2 中。

表 3-4-2 实验数据与分析结果

序号	代号	型号规格	整定值范围	实验整定值或额定工作值	线圈接法	过负荷时的工作状态	过电流时的工作状态	交流电压回路断线时的工作状态	用途
1	1LJ								
2	2SJ								
3	2GP								
4	3LJ								
5	10SJ								
6	6YJ								
7	9ZJ								
8	1GP								
9	12ZJ								
10	QF								
11	3GP								
12	14XJ								

六、思考题

(1) 本实验为什么要设置交流电压断线回路？

(2) 本实验使用的两个时间继电器动作时限如何配合？

(3) 在发电机低压启动过电流保护装置中哪几种继电器属于测量元件？

(4) 在发电机低电压启动过负荷保护装置中哪个继电器是测量元件？

实验五　BFY-12 型负序电压继电器实验

一、实验目的

（1）熟悉 BFY-12A 型负序电压继电器的内部结构和工作原理。

（2）理解 BFY-12A 型负序电压继电器的特定功能和基本动作特性，掌握模拟不同相间短路时该继电器的动作值整定、测试等操作方法。

（3）掌握模拟两相短路时的 BFY-12A 型负序电压继电器的动作电压与负序动作线电压之间的关系及计算方法。

（4）掌握模拟三种不同相间短路时启动电压离散值的校验方法。

二、实验原理

BFY-12A 型负序电压继电器用于发电机和变压器的继电保护线路，作为电压闭锁元件，它可以反映发生不对称短路时出现的线路电压负序分量。负序电压继电器主要由负序电压滤过器、电压互感器、裂相整流、触发器和出口回路 5 部分组成，其结构简图如图 3-5-1 所示。

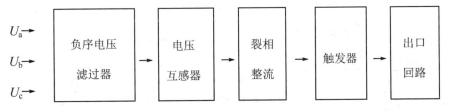

图 3-5-1　BFY-12A 型负序电压继电器结构简图

BFY-12A 型负序电压继电器原理接线图如图 3-5-2 所示，以下分析其动作原理[见图 3-5-3（a）]。

该型号继电器的负序电压滤过器是由 C_3、R_A（由 R_7 和 R_{11} 串联等效）、C_4、R_B（由 R_6 和 R_{12} 串联等效）组成的阻容式滤过器。选择电阻值 $R_A = \sqrt{3} X_{C3}$，$R_B = \dfrac{X_{C4}}{\sqrt{3}}$，可使上述继电器输入端施加正序电压时其负序电压滤过器的输出电压值为 0（实际操作中只存在很小的不平衡电压），当继电器输入端施加负序电压时，其负序电压滤过器输出电压值 $U_{mn} = 1.5\sqrt{3} U_{2A} e^{j30°} = 1.5 U_{2AB} e^{j30°}$。负序电压相量图如图 3-5-3（b）、（c）所示。另外，负序电压滤过器一般都被输入系统的相间电压，因此零序电压分量为 0。电压互感器 YH 在本实验线路中起降压变压器的作用，其副边绕组又与 R_{10}、C_5、$VD_1 \sim VD_6$ 元件组成裂相整流电路,构成交流分压移相电路。适当选择 C_5、R_{10}、电压互感器 YH 副边绕组的参数,在 a、b、c 3 个输出端就可以获得对称三相交流电压。经过二极管 $VD_1 \sim VD_6$ 整流后能够增大直流分量,减小脉动系数,不需要滤波电路就可以使保护的动作速度大大提高。

负序电压滤过器输出电压通过电压互感器 YH 变压,再经裂相整流后输出至触发器。在系统正常运行时,晶体管 BG_1 饱和导通,晶体管 BG_2 截止,执行元件 CJ 不动作;当系统发生不对称短路出现负序电压时,负序电压滤过器的输出电压使触发器翻转,晶体管 BG_1 截止,晶体管 BG_2 饱和导通,此时执行元件 CJ 动作。通过调整电位器 R_{13},改变继电器的整定值。

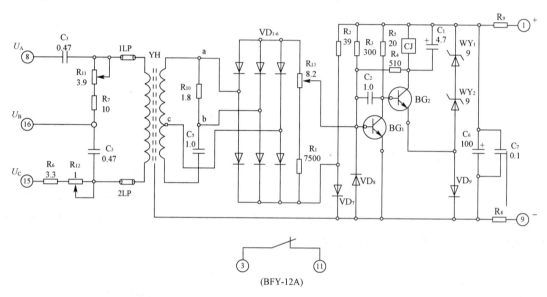

图 3-5-2　BFY-12A 型负序电压继电器原理接线图

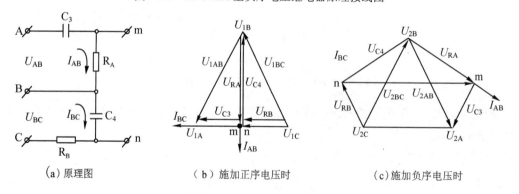

(a) 原理图　　　　(b) 施加正序电压时　　　　(c) 施加负序电压时

图 3-5-3　负序电压向量图

BFY-12A 型负序电压继电器实验接线图如图 3-5-4 所示。

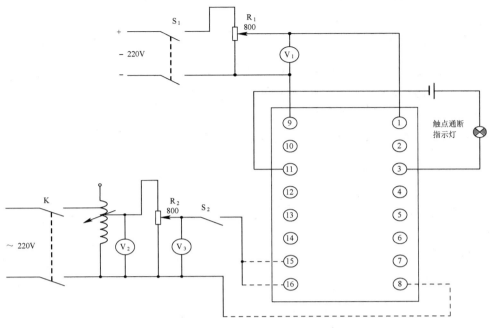

图 3-5-4　BFY-12A 型负序电压继电器实验接线图

三、实验设备

实验设备型号、名称和数量见表 3-5-1。

表 3-5-1　实验设备型号、名称和数量

序号	设备型号	设备名称	数量
1	ZB18	BFY-12 型负序电压继电器	1 个
2	ZB43	可调电阻 R（800Ω）	2 个
3	ZB31	直流数字电压表	1 个
4	ZB36	存储式智能有效值交流电压表	2 个
5	DZB01	直流操作电源	1 个
6	DZB01-1	单相自耦调压器	1 个
		交流电源	1 个
		触点通断指示灯	1 个

四、实验步骤和要求

1. 检查继电器内部组成元件

根据 BFY-12A 型负序电压继电器的原理接线图和实验接线图，观察该继电器的内部结构和每个电子元件的组合形式，检查各段接线，确保实验安全、测试准确。

2. 绝缘检验

首先,将直流回路进、出线端子用导线连接起来,以免在检验时使晶体管元件遭受损害。然后,用 1000V 兆欧表测量各个回路之间、各个回路及接点对金属框架、引出接点对直流回路之间的绝缘电阻,要求测得的各项绝缘电阻值不得小于 $10\mathrm{M}\Omega$,如果发现某项绝缘电阻较低,甚至有零电阻的现象,应仔细检查,找出原因,进行处理。

3. 直流回路及触发器检测

实验接线完毕,合上直流电源(应注意其正、负极性),首先检查由 WY1、WY2、VD9 组成的稳压电路两端的电压是否正确,其参考电压值约为 18.7V。然后将晶体管 BG_1 的基极和发射极短接,检查触发器工作情况。此时,晶体管 BG_1 应由导通变为截止,晶体管 BG_2 由截止变为导通,出口干簧继电器应立即动作(本实验所用装置在出厂时已调整好)。

4. 负序电压滤过器平衡调试

首先打开连接片 1LP 和 2LP。通过三相自耦调压器在负序电压滤过器初级输入正序电压,电压值为 100V(需要注意的是,三相自耦调压器的输出电压值绝对不能大于 100V,否则,继电器容易烧毁)。调节可调电阻 R_{11} 和 R_{12} 使负序电压滤过器的输出电压值趋近零,满足 $U_{mn}\approx 0$(实际操作中允许存在很小的不平衡电压,但其电压值不得大于 1.5V),负序电压滤过器的平衡调试结束。

5. 负序动作电压实验

(1)按图 3-5-4 所示的负序电压继电器实验接线图接线,重新接入连接片 1LP 和 2LP。本实验采用模拟三种相间短路的方法进行相间短路实验测试,分别将端子⑧-⑮、⑯-⑧、⑮-⑯短接,同时分别在相应两端子⑧-(⑮、⑯)、⑯-(⑧、⑮)、⑮-(⑯、⑧)之间加入单相交流电压。

(2)检查实验接线,确定无误后,闭合开关 S_1,接通直流工作电源,调节可调电阻 R_1,使电压表 V_1 的读数为 220V。

(3)闭合开关 K,接入交流电源,调节三相自耦调压器,使电压表 V_2 的指示值为 100V 并保持不变。

(4)调节可调电阻 R_2,使电压表 V_3 的初始电压值为零。然后闭合开关 S_2,调节可调电阻 R_2,使电压表 V_3 的电压值逐渐升高至负序电压继电器的动作值,触点通断指示灯亮,记录动作电压值。

(5)将以上所得动作值与所需整定值进行比较,通过调节负序电压继电器的整定元件 R_{13} 进行整定。例如,需整定动作线电压,使其值为 7V,先模拟两相短路时的动作电压,经过计算得出其值为 12.12V,然后通过调节 R_{13} 得到整定值(R_{13} 在负序电压继电器面板上),

调节可调电阻 R_2，使电压表 V_3 的指示值从零升高至 12.12V，此时负序电压继电器启动。改变短路相别，继续测试，得到 3 种不同相间短路模拟的启动电压 U_{KCP} 的离散值。

计算模拟两相短路时的动作电压 U_{KCP} 与负序动作电压 U_{2cp}，两者满足以下关系式：

$$U_{2CP} = \frac{U_{KCP}}{\sqrt{3}}$$

注意：在实验前，必须熟悉负序电压继电器的内部结构和实验接线图，要掌握实验原理和测量参数的方法。要严格按照实验操作规程的要求，正确接线，认真检查，在检查接线无误后才能通电。在实验过程中要注意观察实验现象，发现问题应首先切断电源。要正确接入直流工作电源和交流电源电压，不能将交流、直流电源错位接入。要确保每个实验步骤的正确性和安全可靠。

五、实验报告

1. 技术参数

交流额定电压：100V，50Hz。

直流额定电压：220V。

负序动作线电压整定值范围：6～12V，变差不大于 6%。

负序电压继电器允许长期加载交流 1.1 倍正序额定电压。

直流电压允许变化范围为（80%～110%）U_{ed}，在该范围内负序电压继电器应正常工作。

在额定电压下，交流回路的总功率损耗不大于 5W，直流回路的总功率损耗不大于 6W。

BFY-12A 型负序电压继电器有一对常闭触点。

触点断开容量：在电压不大于 220V、电流不大于 0.2A 的直流有感负荷电路（时间常数不大于 $5×10^{-3}$s）中，该型继电器触点断开容量为 10V·A；在交流电路中，其触点断开容量为 20V·A。

温度影响：当环境温度在 -10℃～50℃范围内变化时，负序电压继电器任一整定点上的动作线电压与温度为 20℃时的动作电压之差不超过后者的±10%。

2. 实验数据

按表 3-5-2 要求，记录实验数据，并校验结果的正确性。

表 3-5-2 实验数据记录

模拟相间短路故障	初始电压 U_0 / V	动作电压 U_{KCP} / V
⑧-（⑮、⑯）接法		
⑮-（⑯、⑧）接法		
⑯-（⑧、⑮）接法		

验证三种不同相间短路时的动作电压 U_{KCP} 的离散值：

$$\Delta U_{\text{KCP}} = \frac{U_{\text{KCP(max)}} - U_{\text{KCP(min)}}}{U_{\text{KCP(min)}}} < 6\%$$

式中，$U_{\text{KCP(max)}}$ 为模拟三种相间短路时动作电压 U_{KCP} 的最大值，$U_{\text{KCP(min)}}$ 为模拟三种相间短路时动作电压 U_{KCP} 的最小值。

六、思考题

（1）BFY-12A 型负序电压继电器具有哪些特定功能？

（2）如果端子①-⑨不接入直流工作电源，那么 BFY-12A 型负序电压继电器能否工作？试分析原因。

（3）负序电压继电器接入实验线路前为什么要先检查其电压是否为正相序，然后再用高内阻电压表测试其负序电压滤过器的输出电压？

实验六 自动重合闸前加速保护与继电保护配合实验

A 部分 自动重合闸前加速保护实验

一、实验目的

（1）熟悉自动重合闸前加速保护的动作原理。
（2）掌握自动重合闸前加速保护实验接线。
（3）理解自动重合闸前加速保护的结构组成、技术特性以及实验操作方法。

二、实验原理

自动重合闸前加速保护起以下作用：当线路发生故障时，靠近电源侧的保护首先无选择性地瞬时动作使断路器跳闸，然后在自动重合闸作用下纠正这种无选择性动作。

自动重合闸前加速保护的动作原理图如图 3-6-1 所示，图中，线路 X-1 段装设无选择性电流速断保护 1 和定时限的过电流保护 2；线路 X-2 段装设过电流保护 4，自动重合闸 ZCH 装设在靠近电源侧的线路 X-1 段。电流速断保护 1 的动作电流值按躲开线路末端短路时的最大短路电流进行整定，不延时。过电流保护 2、4 的动作时限按阶梯原则整定，即 $t_2 = t_4 + \Delta t$。

当任何线路、母线（变电所 I 除外）或变压器高压侧发生故障时，装设在变电所 I 的无选择性电流速断保护 1 首先动作，瞬时断开断路器 1QF。之后，自动重合闸 ZCH 动作，重新合上断路器 1QF。若发生瞬时性故障，则重合成功，恢复供电；若发生永久性故障，由于自动重合闸 ZCH 的作用，电流速断保护 1 不再动作，此时需要再次启动过电流保护，有选择性地排除故障。

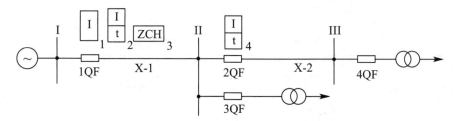

图 3-6-1 自动重合闸前加速保护的动作原理图

自动重合闸前加速保护的原理接线图如图 3-6-2 所示，图中，过电流继电器 1LJ 起电流速断保护作用，过流继电器 2LJ 起过电流保护作用。可以看出，当线路 X-1 段发生故障时,起电流速断保护作用的过流继电器 1LJ 首先动作,其常开触点闭合,经加速继电器 JSJ 的常闭触点接通信号继电器 XJ 和继电保护跳闸出口继电器 BCJ 回路,使断路器瞬时跳闸;随后断路器辅助触点接通自动重合闸回路,启动自动重合闸的继电器,将断路器合闸。自动重合闸动作的同时,加速继电器 JSJ 启动,其常闭触点断开。如果线路中的故障仍然存在,但加速继电器 JSJ 的常闭触点断开,那么过流继电器 1LJ 不能动作,只能由过流继电器 2LJ 及时间继电器 SJ 经过一定的延时时限动作,使断路器跳闸,再次断开故障线路。

自动重合闸前加速保护的优点是可以快速切断故障回路,从而提高自动重合闸的成功率。另外,只需装设一套自动重合闸 ZCH。缺点是增加了断路器的动作次数,一旦断路器或自动重合闸拒绝动作,将会扩大停电范围。

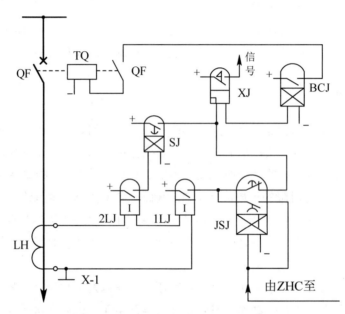

图 3-6-2　自动重合闸前加速保护的原理接线图

三、实验设备

实验设备型号、名称和数量见表 3-6-1。

表 3-6-1　实验设备型号、名称和数量

序号	设备型号	设备名称	数量
1	ZB01	断路器触点及控制回路模拟箱	1 个
2	DZB0-1	变流器	1 个
		复归按钮	1 个
		单相自耦调压器	1 个
		交流电源	1 个
		可调电阻 R_1 (12.6Ω)	1 个

续表

序号	设备型号	设备名称	数量
3	ZB03	数字电秒表及开关组件	1个
4	ZB11	DL-24C/6 型电流继电器	1个
		DZB-12B 型继电保护跳闸出口继电器	1个
		DXM-2A 型信号继电器	1个
5	ZB16	DL-24C/2 型电流继电器	1个
		DS-21 型时间继电器	1个
		DZS-12B 型返回延时继电器	1个
6	DZB01	直流操作电源	1个
7	ZB04	手动开关	1个

四、实验步骤和要求

（1）根据过电流保护的要求，整定过流继电器 2LJ 的动作值和时间继电器 SJ 的动作时限（本实验中过流继电器 2LJ 的动作电流值为 1A，时间继电器 SJ 的动作时限为 1.5s），过流继电器 2LJ 的线圈采用串联方式。

（2）根据电流速断保护的要求，整定过流继电器 1LJ 的动作值（本实验中过流继电器 1LJ 的动作电流值为 3A），过流继电器 1LJ 的线圈采用并联方式。

（3）根据时间继电器 SJ、加速继电器 JSJ、继电保护跳闸出口继电器 BCJ 的技术参数，选择相应的操作电源。

（4）按图 3-6-3 进行"前加速保护"接线，检查接线无误后，接入相应直流操作电源。

（5）接线完成后，自动重合闸 ZCH 未启动，加速继电器 JSJ 未动作。下面模拟线路 X-1 故障：接入交流电源，闭合开关 K，调节交流回路电流值，使过流继电器 1LJ 输入一个大于整定值的电流，观察前加速继电器动作情况，断路器 QF 加速跳闸后重合闸 ZCH 启动，图 3-6-3 直流回路中用开关 S_1 模拟自动重合闸 ZCH 的出口接点 ZJ_3，通过闭合 S_1 启动加速继电器 JSJ，加速继电器 JSJ 的常闭触点断开，过流继电器 1LJ 不再动作。

（6）模拟故障继续存在的情况。由于加速继电器 JSJ 的常闭触点断开，导致过流继电器 1LJ 不动作，只能通过启动过电流继电器 2LJ 和时间继电器 SJ 进行带时限的有选择性地跳闸，切断故障电流。

五、实验报告

在接线和实验结束后，要认真分析实验结果，结合原理和实验操作实践，写出实验报告，并把实验数据记录到表 3-6-2 中。

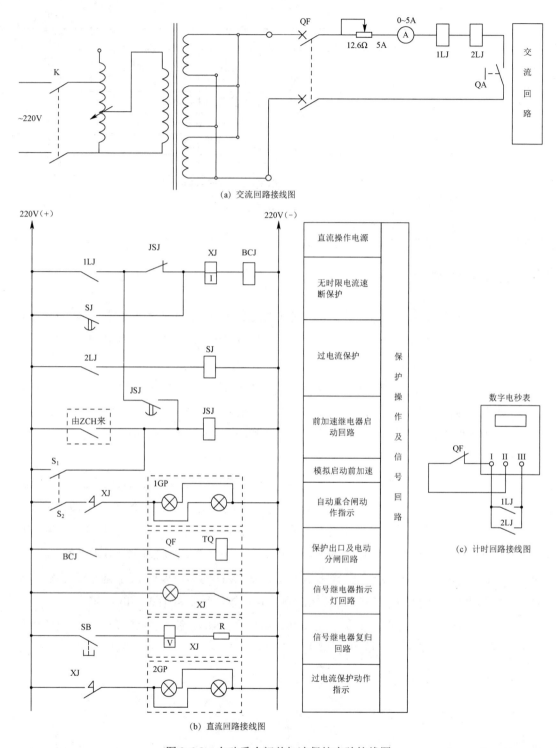

图 3-6-3　自动重合闸前加速保护实验接线图

六、思考题

(1) 图 3-6-2 中用到哪些继电器?它们分别起什么作用?
(2) 自动重合闸前加速保护中如何实现前加速保护?
(3) 本实验中加速继电器为什么要具有延时返回的特性?
(4) 试分析自动重合闸前加速保护的优点和缺点。

表 3-6-2 实验数据记录

序号	代号	型号规格	实验整定值或额定值	线圈接法	按钮 SB 按下时的工作状态	按钮 SB 断开时的工作状态	用途	QA 按下时的工作状态
1	1LJ	DL-24C/6						
2	2LJ	DL-24C/2						
3	SJ	DZS-12B						
4	XJ	JX-21A/T						
5	BCJ	DZB-12B						
6	JSJ	DS-21						
7	TQ							
8	GP							
9	数字电秒表							
10	R							

B 部分 自动重合闸后加速保护实验

一、实验目的

(1) 熟悉自动重合闸后加速保护的接线原理。
(2) 理解自动重合闸前加速保护与后加速保护的区别。
(3) 理解自动重合闸后加速保护的结构组成、技术特性以及实验操作方法。

二、实验原理

自动重合闸后加速保护的基本原理如下:当线路发生故障时,首先由继电保护动作排除故障,即带时限的过电流保护有选择性地动作,使断路器跳闸。然后在自动重合闸 ZCH 作用下断路器合闸,同时自动重合闸 ZCH 出口触点动作,将过流保护再次动作时的时限解除。因此,当断路器再次重合于永久性故障的线路时,过电流保护将瞬时作用于断路器,使之跳闸。

实现自动重合闸后加速保护的方法如下：在被保护的各条线路上均装设有选择性的保护和自动重合闸，其后加速保护动作原理图如图 3-6-4 所示，自动重合闸后加速保护的原理接线图如图 3-6-5 所示。

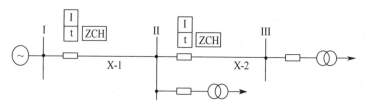

图 3-6-4　自动重合闸后加速保护动作原理图

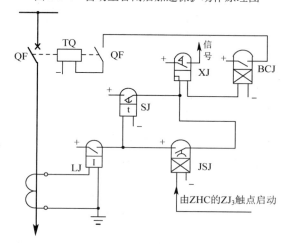

图 3-6-5　自动重合闸后加速保护的原理接线图

线路发生故障时，由于延时返回继电器（加速继电器 JSJ）尚未动作，故其常开触点断开；电流继电器 LJ 动作后，其常开触点闭合；时间继电器 SJ 延时时限结束后，其延时触点闭合，继电保护跳闸出口继电器 BCJ 启动，其常开触点闭合，使断路器 QF 跳闸。断路器 QF 跳闸后，自动重合闸 ZCH 动作，发出合闸脉冲。在发出合闸脉冲的同时，自动重合闸出口元件 ZJ_3 的常开触点闭合，启动加速继电器 JSJ，JSJ 动作后，其触点闭合。若故障为持续性故障，线路故障仍存在，应进行第二次保护动作，此时，经加速 JSJ 的闭合触点直接启动 BCJ 而使断路器瞬时跳闸。

自动重合闸后加速保护可以防止事故扩大，但第一次保护动作有延时时限，会影响自动重合闸 ZCH 的动作效果。另外，采取后加速保护，必须在每条线路上都装设一套重合闸装置，投资较大。

三、实验设备

实验设备型号、名称和数量见表 3-6-3。

表 3-6-3　实验设备型号、名称和数量

序号	设备型号	设备名称	数量
1	ZB01	断路器触点及控制回路模拟箱	1个
2	ZB03	数字电秒表及开关组件	1个
3	ZB11	DL-24C/6 型电流继电器	1个
		DZB-12B 型继电保护跳闸出口继电器	1个
		DXM-2A 型信号继电器	1个
4	ZB16	DS-21 型时间继电器	1个
		DZS-12B 型延时返回继电器（加速继电器 JSJ）	1个
5	DZB01-1	变流器	1个
		复归按钮	1个
		单相自调压器	1个
		交流电源	1个
		可调电阻 R_1（12.6Ω）	1个
6	DZB01	直流操作电源	1个
7	ZB35	真有效值交流电流表	1个
8	ZB04	手动开关	1个

四、实验步骤和要求

（1）根据过流保护的要求整定过流继电器 2LJ 的动作值和时间继电器 SJ 的动作时限。

（2）根据时间继电器 SJ、加速继电器 JSJ、继电保护跳闸出口继电器 BCJ 的技术参数，选择相应的操作电源。

（3）按图 3-6-6 进行"后加速保护"实验接线，检查接线无误后，接入相应直流操作电源。

（4）模拟线路故障，调节回路电流，当输入过流继电器 LJ 的电流值大于整定值时，过流继电器 LJ 动作。此时，加速继电器 JSJ 未启动，过流继电器 LJ 的触点闭合从而启动时间继电器 SJ。时间继电器 SJ 触点延时时限结束后接通并启动继电保护跳闸出口继电器 BCJ，断路器跳闸线圈动作，使断路器跳闸。同时，信号继电器 XJ 发出信号。

（5）断路器跳闸后，自动重合闸发出合闸脉冲的同时，由出口元件触点 ZJ 启动加速继电器 JSJ（图 3-6-6 直流回路中，用开关 S_1 模拟自动重合闸 ZCH 出口元件触点 ZJ，通过闭合开关 S_1 启动加速继电器 JSJ），加速继电器 JSJ 动作后其延时断开的常开触点闭合，实现重合闸后加速保护。

（6）模拟持续性故障，观察后加速保护继电器动作情况。

注意操作：在操作前必须熟悉自动重合闸前加速、后加速保护的电路原理，在操作过程中要进行正确的安装接线，严格按照操作规程的要求，输入电流，进行实验，要确保实验过程安全正确。

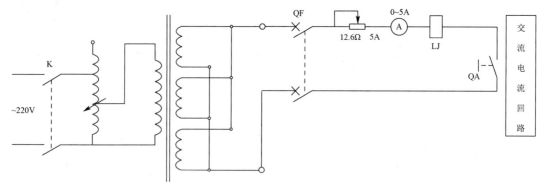

(a) 交流回路接线图

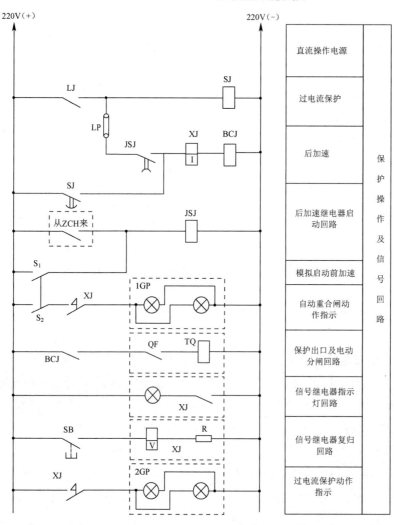

(b) 直流回路接线图

图 3-6-6　自动重合闸后加速保护实验接线图

五、实验报告

在安装接线和实验操作结束后,要认真分析,结合原理说明和实验操作实践,写出实验报告,并把实验数据记录到表 3-6-4 中。

表 3-6-4 实验数据记录

序号	代号	型号规格	实验整定值或额定工作值	线圈接法	按钮SB按下时的工作状态	按钮SB断开时的工作状态	用途	QA按下时的工作状态
1	LJ							
2	SJ							
3	XJ							
4	BCJ							
5	JSJ							
6	TQ							
7	GP							
8	数字电秒表							
9	R							

六、思考题

(1)图 3-6-5 中用到哪些继电器?它们分别起什么作用?

(2)如何实现重合闸后加速保护?

(3)试分析自动重合闸后加速保护的优缺点。

第4章 建筑供配电系统初步设计

一、学习目标

（1）理解建筑供配电系统初步设计内容。
（2）掌握建筑供配电系统初步设计中负荷、防雷的计算方法。

二、学习任务

（1）应用需要系数法对某建筑物的负荷进行计算。
（2）根据负荷电流大小给某配电箱选择合适的配电线路导线（电缆）型号与截面积。
（3）计算某建筑物防雷等级，分析该建筑物防雷和接地平面图。

三、学习工具

教材和参考资料。

四、背景知识

在进行初步设计前，需要收集相关文件资料，见表4-1-1。

表4-1-1 初步设计输入文件——电气类

项目总类型	民用建筑	项目具体类型	
设计阶段	□规划方案　□科研　√初设　□施设　□其他_____		
业主需求及专业技术要求（必有）			
01	设计任务书		
基础资料			
01	项目市政接口资料（包含周边市政电源分布情况、电压等级、电力系统短路容量等）		
02	相关专业所需资料（包含建筑、结构、给排水、暖通、智能化等专业）		
……			
上阶段设计文件及确认结果、政府批文			
01	可研报告（方案设计）		
……			

续表

	标准、规范	
01	《民用建筑电气设计规范》	JGJ 16—2008
02	《建筑设计防火规范》	GB 50016—2014
03	《高层民用建筑设计防火规范》	GB 50045—1995（2005年版）
04	《供配电系统设计规范》	GB 50052—2009
05	《低压配电设计规范》	GB 50054—2011
06	《通用用电设备配电设计规范》	GB 50055—2011
07	《20kV及以下变电所设计规范》	GB 50053—2013
08	《建筑照明设计规范》	GB 50034—2013
09	《电力工程电缆设计规范》	GB 50217—2007
10	《电子信息系统机房设计规范》	GB 50174—2008
11	《人民防空地下室设计规范》	GB 50038—2005
12	《人民防空工程设计防火设计规范》	GB 50098—2009
13	《建筑物防雷设计规范》	GB 50057—2010
14	《汽车库、修车库、停车场设计防火规范》	GB 50067—2014
15	《建筑物电子信息系统防雷技术规范》	GB 50343—2012
16	《公共建筑节能设计标准》	GB 50189—2015
17	《车库建筑设计规范》	JGJ 100—2015
18	《绿色建筑评价标准》	GB/T 50378—2006

（一）建筑供配电与照明系统初步设计内容

1. 设计说明

（1）设计依据。

（2）设计范围。

（3）变/配/发电系统。

（4）防雷、接地及安全措施

2. 设计图样

1）电气总平面图

（1）标示建筑物、构筑物名称、存量、高低压线路及其他系统的线路走向、回路编号、导线及电缆型号规格，架空线、路灯、庭院灯的杆位（对路灯、庭院灯，可不绘线路）、重复接地点等。

（2）变/配/发电站的位置和编号。

（3）比例、指北针。

2）变/配电系统

（1）高、低压供电系统图。

（2）平面布置图。

3）配电系统

包括主要干线平面布置图、竖向干线系统图（包括配电及照明干线、变/配电站的配出回路及回路编号）。

4）防雷系统、接地系统

对这两个系统一般不出图样，对特殊工程，只出顶视平面图、接地平面图。

3. 主要电气设备表

注明设备名称、型号、规格、单位和数量。

4. 计算书

（1）负荷计算。

（2）设备选择。

（3）导线或电缆选择。

（4）短路电流计算及设备校验。

（5）防雷计算。

（6）各系统的计算结果应标示在设计说明或相应的图样中。

（7）因条件不具备不能进行计算的内容，应在初步设计中说明，并在施工图设计时进行计算。

（二）负荷计算（采用需要系数法）

负荷计算的主要目的是为了合理选择电气设备和线缆，达到够用和经济的目的。在初步设计阶段，负荷计算宜采用需要系数法。需要系数随着时代的发展需逐步更新。

负荷计算的方法如下：

（1）单台用电设备功率 P_e 的确定。

（2）单相负荷的等效计算。

（3）用电设备组负荷计算（采用需要系数法）。

（4）干线或变配电所负荷计算。

（5）无功补偿容量计算。

（三）设备选择

1. 设备选择的一般原则（按正常工作条件选择，按短路条件校验）

（1）按工作地点、环境、使用要求及供货条件，选择电气设备的型号。

（2）按设备工作电压，选择电气设备的额定电压。

（3）按负荷计算电流，选择电气设备的额定电流。

（4）按短路情况，校验设备的动稳定性和热稳定性。

2. 电力变压器的选择

1）类型选择

电力变压器的类型见表 4-1-2。

表 4-1-2　电力变压器的类型

类型 项目	矿物油变压器	硅油变压器	六氟化硫变压器	干式变压器	环氧树脂浇注变压器
价格	低	中	高	高	较高
安装面积	中	中	中	大	小
体积	中	中	中	大	小
爆炸性	有可能	可能性小	不爆	不爆	不爆
燃烧性	可燃	难燃	难燃	难燃	难燃
噪声	低	低	低	高	低
耐湿性	良好	良好	良好	弱（无电压时）	优
防尘性	良好	良好	良好	弱	良好
损耗	大	大	稍小	大	小
绝缘等级	A	A 或 H	E	B 或 H	B 或 F
质量	大	较大	中	大	小
一般工厂	普遍使用	一般不用	一般不用	一般不用	很少使用
高层地下室	一般不用	可使用	宜使用	不宜使用	推荐使用

2）变压器台数选择

（1）应满足负荷对供电可靠性的要求。

（2）对因季节性负荷变化较大而采用经济运行方式的变电所，可选用两台变压器。

（3）对一般供三级负荷的变电所，可采用一台变压器。

（4）在确定变电所主变压器台数时，应适当考虑负荷的扩展需求，留有一定余地。

3）变压器容量选择

（1）对只装一台变压器的变电所，变压器额定容量 $S_{NT} \geqslant S_{js}$，一般使变压器负荷率在 80% 左右。

（2）对装有两台主变压器的变电所，每台主变压器的额定容量 S_{NT} 应同时满足以下两个条件：

① 任一台变压器单独运行时，应能满足不小于总计算负荷 60% 的需要，即

$$S_{NT} \geqslant 0.6 S_{js}$$

② 任一台变压器单独运行时,应能满足全部一、二级负荷,即

$$S_{\mathrm{NT}} \geq S_{\mathrm{js\ (I+II)}}$$

此外,主变压器容量的确定应适当考虑扩展需求。

3. 高/低压电器的选择

高/低压电器的选择校验项目见表 4-1-3。

表 4-1-3　高/低压电器的选择校验项目

电器设备名称	正常工作条件选择			短路故障校验	
	电压/kV	电流/A	断流能力/kA	动稳定性	热稳定性
高/低压熔断器	√	√	√	×	×
高压隔离开关	√	√	—	√	√
高压负荷开关	√	√	√	√	√
高压断路器	√	√	√	√	√
低压刀开关	√	√	√	—	—
低压负荷开关	√	√	√	—	—
低压断路器	√	√	√	—	—

注:表中"√"表示必须校验,"×"表示不必校验,"—"表示可不校验。

系统中发生短路故障后,因短路电流很大,设备中会短时产生大量的热量及受到大的电动力,影响设备的热稳定性、动稳定性。在表 4-1-3 中需要校验动稳定性、热稳定性的电气设备很多,但根据经验,对 35kV 及以下供配电系统,在断路器断流容量满足要求,电力变压器容量在 10000kV·A 及以下,互感器电压比、电流比较大,电缆截面积较大,用熔断器保护设备等情况下,可以不进行短路校验。

低压断路器是建筑供配电与照明系统中广泛应用的电气设备,选择低压断路器时应满足下列条件:

(1)低压断路器的额定电压应不小于保护线路的额定电压。

(2)低压断路器的额定电流 I_{NQF} 应不小于线路的计算电流 I_{js}。

(3)低压断路器的主要性能指标为分断能力和保护特性。

分断能力是指开关在指定的使用和工作条件及在规定的电压下接通和分断的最大电流值,保护特性主要分为过电流保护、过载保护和欠电压保护三种。其中,低压断路器的保护整定值包括长延时脱扣器电流整定值、短延时脱扣器电流整定值及瞬时脱扣器电流整定值。

对低压断路器中各种脱扣器的动作电流值,需要根据电流的整定值,综合考虑各种保护间的互相配合进行选定。同时,还应与被保护线路相配合,不能在过负载或短路引起导线过热甚至起燃时,脱扣器不动作,断路器不跳闸,无法切断电路。

因此,对断路器的选择不仅要考虑额定电流,还应考虑各种脱扣器电流的整定值,并

且高压断路器、低压配电线路中的断路器和照明线路保护用的断路器选择及电流整定值各不相同,本章仅简要介绍末端低压断路器的选择。

在实际工程设计中,末端低压断路器的额定电流通常按以下方式确定:

① 确定线路的计算电流 I_{js}。

② 把线路的计算电流乘以可靠性系数,以便确定断路器的长延时电流整定值,即

$$I_r \gg K_r I_{js}$$

式中,K_r 为可靠性系数,通常,$K_r = (1.1 \sim 1.25)$。

③ 确定断路器的额定电流(框架电流)I_n。按照 $I_r \ll I_n$,确定断路器的额定电流值,并选定断路器。

(4)低压配电线路上下级保护电器的动作应具有选择性,各级之间应能协调配合,要求在出现故障时,靠近故障点的保护电器动作,断开故障电路,使停电范围最小。但对于非重要负荷,允许无选择性地切断。

(5)低压断路器的分断能力应按短路电流进行校验,低压断路器的极限分断电流能力不小于线路中最大短路电流。在实际的民用建筑电气设计中,一般选取整个工程中线路最长、线缆截面最细的线路进行短路电流计算,以校验低压断路器的分断能力。

(6)选择电动机保护用断路器时,需考虑电动机的启动电流并使其在启动时间内不动作。

(7)断路器欠电压脱扣器的额定电压等于线路额定电压。

(四)导线和电缆的选择

1. 型号选择

导线、电缆的型号应根据使用场所和电压等级来选择,一般选用铜芯导线或电缆。建筑内常用的导线和电缆是塑料绝缘导线(BV)和交联聚乙烯绝缘聚氯乙烯护套(YJV)的电力电缆。塑料绝缘导线价格比较便宜,绝缘性能好,制造工艺简单;YJV 电缆载流量大,允许温升高,制造工艺简单,没有敷设高差的限制,质量较小,弯曲性能好,耐油和酸碱性的腐蚀,而且还具有不延燃的特性,可适用于有火灾发生的环境。同时,这类电缆还具有不吸水的特性,适用于潮湿、积水的场所和水中敷设。

2. 导体的安全(允许)载流量

导体(包括导线、电缆、母线)中有电流通过时就要发热,热量的一部分散发到周围空气中,另一部分使导体发热。当导体温度过高时,可能使导体绝缘损坏,甚至引起火灾。因此,人们对不同规格的导体分别规定了电流的最高限额。换句话说,在规定的环境温度条件(25℃)下,导体允许长时间连续通过而不导致其过热的最大电流称为导体的"安全载流量"或"允许载流量"。

3. 导体截面积的选择

1) 选择导体截面积的一般原则

(1) 按敷设方式、环境条件确定的导体截面积的导体载流量不应小于计算电流。

(2) 线路电压损耗不应超过允许值。

(3) 导体最小截面积应满足机械强度的要求。

在满足上述 3 个要求下,同时还应满足短路时动稳定性与热稳定性的要求。根据经验,对低压动力线和 10kV 及以下的高压线,一般先按发热条件选择其截面积,然后校验其机械强度和电压损耗。对低压照明线,一般先按允许电压损耗选择其截面积,然后校验其发热条件和机械强度。

2) 按发热条件选择导体截面积

(1) 选择三相系统中的相线截面积时,应使其允许载流量 I_{al} 不小于通过相线的计算电流 I_{js},即 $I_{al} \geq I_{js}$。

(2) 中性线截面积的选择。一般三相四线制系统中的中性线截面积应不小于相线截面积的一半;由三相四线制引出的两相三线制和单相线路,因中性线电流和相线电流相等,故中性线截面积和相线截面积相同;对于三次谐波电流突出的三相四线制线路,因谐波电流会流过中性线,故中性线截面积宜等于或大于相线截面积。

(3) 保护线截面积的选择。保护线截面积要满足短路热稳定性的要求,按 GB 50054—2011《低压配电设计规范》规定,当相线截面积小于 16mm² 时,保护线截面积应不小于相线截面积;当相线截面积不大于 35mm² 且大于 16mm² 时,保护线截面积应不小于 16mm²;当相线截面积大于 35mm² 时,保护线截面积应不小于相线截面积的一半。

按照发热条件选择导体截面积时,应注意允许载流量与环境温度有关。如果实际温度与规定的环境温度不一致,特别是高于环境温度 25℃时,允许载流量应乘以温度修正系数;电缆多根并列或埋在土壤中,其允许载流量也需要修正,温度修正系数可查阅相关资料。

3) 导体最小截面积

选择导体截面积时,还应考虑导体的机械强度。对某些负荷很小的设备,虽然选择很小截面积的导体就能满足允许电流的要求,但还必须查表 4-1-4,看其是否满足导线机械强度允许的最小截面积,如果不满足,就选表 4-1-4 中的导线截面积。

表 4-1-4 绝缘导线的最小截面积

导线敷设方式	最小截面积/mm²		
	铜芯软线	铜线	铝线
照明用灯头线			
(1) 室内	0.5	0.8	2.5
(2) 室外	1	1	2.5
穿管敷设的绝缘导线	1	1	2.5

续表

导线敷设方式	最小截面积/mm²		
	铜芯软线	铜线	铝线
塑料护套线沿墙明敷线	—	1	2.5
敷设在支持件上的绝缘导线 （1）室内，支持点间距为2m及以下的情况 （2）室外，支持点间距为2m及以下的情况 （3）室外，支持点间距为6m及以下的情况 （4）室外，支持点间距为12m及以下的情况	—	1 1.5 2.5 2.5	2.5 2.5 4 6
电杆架空线路，380V 低压	—	16	25
架空引入线，380V 低压（绝缘导线长度不大于25m）	—	6	10（绞线）
电缆在沟内敷设、埋地敷设、明敷设，380V 低压	—	2.5	4

4）电压损耗

电压损耗是指线路首端线电压和末端线电压的代数差。为保证供电质量，按规定，高压（6～10kV）配电线路的允许电压损耗不得超过线路额定电压的5%；从配电变压器一次侧出口到用电设备受电端的低压输电线路的电压损耗，一般不超过设备额定电压（220V、380V）的 5%。若线路的电压损耗超过了允许值，则应适当加大导线或电缆的截面积，使之满足允许电压损耗的要求。

线路电压损耗以百分比表示，即

$$\Delta U\% = \frac{\Delta U}{U_\text{N}} \times 100\%$$

（五）短路电流的计算

参考课本计算设计方法。

（六）防雷设计计算

参考课本计算设计方法。

五、设计案例

案例一 某厂总降压变电所的设计

（一）基础资料

(1) 负荷大小。某工厂的车间负荷计算结果见表4-1-5。

表 4-1-5　某工厂的车间负荷计算结果

序号	车间名称	负荷类型	负荷计算结果		
			P_c/kW	Q_c/kVar	S_c/(kV·A)
1	车间 1	I	780	180	
2	车间 2	I	560	150	
3	车间 3	I	170	170	
4	车间 4	I	220	220	
5	车间 5	I	150	150	
6	车间 6	I	100	100	
7	车间 7	I	110	110	
8	车间 8	II-III	168	168	
9	车间 9	II-III	200	200	

（2）全年工作时数为 8760h，$T_{max}=5600$h。

（3）电源情况。

① 工作电源。由距离该工厂 5km 处的 A 变电站架设单回路架空输电线路供电。A 变电站的 110kV 母线：$S_k=1918$MV·A，$S_A=1000$MV·A；A 变电站安装两台 SFSLZ-31500kV·A/110kV·A 三绕组变压器，其短路电压百分比为 $U_{k(1-2)}\%=10.5$，$U_{k(3-1)}\%=17$，$U_{k(2-3)}\%=6$。

供电电压等级：由用户选用 35kV 电压供电。

② 备用电源。由 B 变电站架设单回路架空输电线路供电，只有在工作电源停电时，才允许投入备用电源。

③ 功率因数。用 35kV 电压供电时，$\cos\varphi \geq 0.90$；用 10kV 电压供电时，$\cos\varphi \geq 0.95$。

（二）设计任务

（1）负荷计算。根据给出的各负荷明细表，确定计算结果；以上数据是选择变压器、供电导线及开关设备的依据。

（2）方案论证。根据给出的供电电源、供电的技术指标与经济指标，提出可能的供电方式，并加以比较后选择合适的方案。其中，技术指标以供电可靠性、灵活性、安全性为主要内容。该指标若资料不全，可参考自己掌握的有关施工与预算方面的知识。

（3）短路电流计算。在方案论证的条件下，确立最佳方案，做出初步设计。根据初步设计的主接线图，确定短路点，并计算三相短路电流。

（4）根据初步设计，确定变压器的台数和容量。

（5）确定无功功率补偿的方式，确定无功功率补偿装置。

（6）提交的成果为设计计算书，以及变电所一次设备主接线图（高低压柜）2 张。

案例二 某住宅楼供配电系统设计

(一)基础资料

某住宅楼总建筑面积为 50000m^2,共 27 层,即地下 1 层,地上 26 层,楼高 87m。其中地下 1 层为机房,地上 1~3 层为商业用,4~26 层为标准住宅。

要求在正常情况下该住宅楼由两路 10kV 市网分别供电,当一路市网线路停电后,不重要的三级负荷(普通照明等)停电,重要的一、二级负荷(事故应急照明、加压风机、送排风机、消防电梯、生活水泵、消防控制室设备)切换至另一路市网线路继续供电。在这两路市网线路中,一路市网线路(变压器 T1)为商业及动力设备供电,另一路市网线路(变压器 T2)为民用住宅供电,并互为备用,为一、二级负荷供电。

1~3 层为商业用电,每层的面积大约为 1852m^2。1 层为高级商业设施,其负荷密度约 130W/m^2(估算);2~3 层为一般商业设施,其负荷密度约 85W/m^2。变压器 T1 和 T2 负荷计算及设备容量见表 4-1-6 和表 4-1-7。

表 4-1-6 变压器 T1 负荷计算和设备容量

设备组编号	设备名称	设备容量 P_N/kW	需要系数 K_d	$\cos\varphi$	$\tan\varphi$	P_c/kW	Q_c/kVar	S_c/(kV·A)	I_c/A
1	1~3 层商业用电	560	0.7~0.8	0.85					
2	屋顶泛光照明	20	0.9~1	0.80					
3	地下室照明	4	0.6~0.8	0.90					
4	生活水泵	25	0.9~1	0.80					
5	客梯、消防电梯	82	0.9~1	0.50					
6	消防控制室	20	0.9~1	0.80					
7	变电所照明	4	0.7~0.8	0.90					
8	住宅楼梯照明	10	0.7~0.9	0.95					

表 4-1-7 变压器 T2 负荷计算和设备容量

设备组编号	设备名称	设备容量 P_N/kW	需要系数 K_d	$\cos\varphi$	$\tan\varphi$	P_c/kW	Q_c/kVar	S_c/(kV·A)	I_c/A
1	4~11 层住宅用电	512	0.4~0.5						
2	12~19 层住宅用电	512	0.4~0.6						
3	20~26 层住宅用电	448	0.4~0.6						
4	生活水泵	25	0.8~1						
5	客梯	42	0.8~1						
	消防电梯	40							

（二）设计任务

（1）负荷计算。根据给出的各负荷明细表，确定计算结果；以上数据是选择变压器、供电导线及开关设备的依据。

（2）方案论证。根据给出的供电电源、供电的技术指标与经济指标，提出可能的供电方式，并加以比较后选择合适的方案。其中，技术指标以供电可靠性、灵活性、安全性为主要内容。该指标若资料不全，可根据自己掌握的施工与预算方面的知识进行概述。

（3）短路电流计算。在方案论证的条件下，确立最佳方案，做出初步设计。根据初步设计的主接线图，确定短路点，并计算三相短路电流。

（4）根据初步设计，确定变压器的台数和容量。

（5）确定无功功率补偿的方式，确定无功功率补偿装置。

（6）提交的成果为设计计算书，以及变电所一次设备主接线图（高低压柜）2张。

案例三　某住宅小区供配电系统设计

（一）基础资料

（1）工程概述。某住宅小区的总用地面积：35000m²，总建筑面积：21074.98m²。其中，店面面积：1610.14 m²，住宅面积：16367.04 m²，车库及设备占用面积：3112.47m²。住宅包含 A1，A2，A3，B1，B2，C，D 7 个单元，并且均属于多层住宅。该住宅小区的其他建筑包含商店和停车库等。某住宅小区负荷计算结果见表 4-1-8。

表 4-1-8　某住宅小区负荷计算结果

负荷名称	功率 P_N/kW	需要系数 K_d	有功负荷 /kW	计算容量 /(kV·A)	无功负荷 /kVar	功率因 $\cos\varphi$	计算电流 I_c/A
A1 单元照明	56	0.8～0.9				0.65	
A2 单元照明	46	0.7～0.9				0.65	
A3 单元照明	56	0.6～0.8				0.65	
B1 单元照明	68	0.6～0.8				0.65	
B2 单元照明	56	0.6～0.8				0.65	
C 单元照明	116	0.6～0.8				0.65	
D 单元照明	74	0.6～0.8				0.65	
停车库	76.5	—				0.8	
消防控制室	8	—				0.8	
商店	210	—				0.9	
应急照明	10	—				0.95	
发电机正压送风机	4	—				0.8	
排烟风机	7.5	—				0.8	

续表

负荷名称	功率 P_N/kW	需要系数 K_d	有功负荷/kW	计算容量/(kV·A)	无功负荷/kVar	功率因数 $\cos\varphi$	计算电流 I_c/A
发电机房排风机	4	—				0.8	
发电机房送风机	1.5	—				0.8	
泵房送风机	3	—				0.8	
消防泵	30	—				0.8	
消防泵（备用）	30	—				0.8	
喷淋泵	30	—				0.8	
喷淋泵（备用）	30	—				0.8	
生活泵	22	—				0.8	
生活泵（备用）	22	—				0.8	
排水泵	2	—				0.8	

备注：未知的需要系数请自己选取。

（2）电源情况。双回路 10kV 电源和柴油发电机组。

（二）设计任务

（1）负荷计算。根据给出的各负荷明细表，确定负荷；以上数据是选择变压器、供电导线及开关设备的依据。

（2）方案论证。根据给出的供电电源、供电的技术指标与经济指标，提出可能的供电方式，并加以比较后选择合适方案。其中，技术指标以供电可靠性、灵活性、安全性为主要内容。该指标若资料不全，可根据自己掌握的施工与预算方面的知识进行概述。

（3）短路电流计算：在方案论证的条件下，确定最佳方案，做出初步设计。根据初步设计的主接线图，确定短路点，并计算三相短路电流。

（4）根据初步设计，确定变压器的台数和容量。

（5）确定无功功率补偿的方式，确定无功功率补偿装置。

（6）提交的成果为设计计算书，以及变电所一次设备主接线图（高低压柜）2张。

案例四 某医院大楼变电所设计

（一）基础资料

（1）工程概述。

该医院大楼地下有 3 层，地上有 22 层，总建筑面积为 52500m²，主要设备如下。

空调机房：418kW 冷却水泵：4×75kW（三用一备）

冷却水塔：3×25kW 正压送风：56kW

生活给水泵：3×75kW（两用一备） 喷淋水泵：3×37kW（两用一备）

补水泵：2×22kW（一用一备） 自动扶梯：15kW

消防电梯：15kW　　　　　　　　　冷水机组：3×513kW

冷冻水泵：4×75kW（三用一备）　　送排风机：2×19.5kW

消防排烟：56kW　　　　　　　　　消防水泵：3×75kW（两用一备）

潜污水泵：2×11kW　　　　　　　　客梯：3×15kW

货梯：18.5kW

（2）电源情况。由双回路10kV供电。

（二）设计任务

（1）负荷计算。根据给出的各负荷明细表，确定负荷；以上数据是选择变压器、供电导线及开关设备的依据。

（2）方案论证。根据给出的供电电源、供电的技术指标与经济指标，提出可能的供电方式，并加以比较后选择合适的方案。其中，技术指标以供电可靠性、灵活性、安全性为主要内容。该指标若资料不全，可根据自己掌握的施工与预算方面的知识进行概述。

（3）短路电流计算。在方案论证的条件下，确定最佳方案，做出初步设计。根据初步设计的主接线图，确定短路点，并计算三相短路电流。

（4）根据初步设计，确定变压器的台数和容量。

（5）确定无功功率补偿的方式，确定无功功率补偿装置。

（6）提交的成果为设计计算书，以及变电所一次设备主接线图（高低压柜）2张。

案例五　某医院病房大楼变电所设计

（一）基础资料

（1）工程概述。

某医院病房大楼主体高度：23.10m，无裙房。

楼层数：地下1层，地上6层。地下1层有车库、变电所、库房等。地上6层主要为病房、值班室、重症监护室等；属二类建筑。

该大楼总面积：10555.6m^2。其中，车库、设备用房面积为1055.5m^2

设备等级的划分见表4-1-9。

（2）电源情况。结合该大楼实际情况，即兼有一级、二级、三级负荷，该大楼中的消防控制室、消防水泵、消防电梯、防烟排烟设施、中心吸氧室、应急照明、疏散指示标志等用电属于一级负荷。在正常情况下，一级负荷由市电电源供电，柴油发电机作为备用电源。当市电正常停电时，由两台变压器出线断路器的常闭触点控制柴油发电机的启动信号；当发生火灾时，在市电断电前，由市电提供整个建筑的消防负荷，市电断电后，由柴油发电机提供消防负荷。

该大楼电梯A、电梯B的负荷属于二级负荷。在正常情况下，电梯由市电电源供电，柴油发电机作为备用电源。当市电正常停电时，由两台变压器出线断路器的常闭触点控制柴油发电机的启动信号；当发生火灾时，由消防控制中心根据防火分区切断非消防负荷。

表 4-1-9　某医院病房大楼设备等级划分

供电支路名称	负荷等级	供电支路名称	负荷等级
变电所用电	一级	地下室照明	一级
压缩空气间	一级	消防电梯	一级
中心吸氧室	一级	电梯 A	二级
消防控制	一级	电梯 B	二级
水泵房	一级	各层电开水器	三级
中心供氧室	一级	地下室风机	三级
网络机房	一级	照明配电总干线	三级
应急照明	一级	地热空调室	三级
重症监护	一级	地热空调机组	三级
消防稳压泵	一级	各层新风机组	三级

该大楼的一般照明、新风机组、电开水器、地热空调室等负荷属于三级负荷。当市电正常停电时，由失压脱扣器切断三级负荷；当发生火灾时，由消防控制中心根据防火分区切断非消防负荷。

负荷计算：某医院病房大楼负荷计算结果见表 4-1-10。

表 4-1-10　某医院病房大楼负荷计算结果

负荷名称	安装容量 P_N/kW	功率因数 $\cos\varphi$	需要系数 K_d	有功功率 P_c/kW	无功功率 Q_c/kVar	视在功率 S_c/kV·A	计算电流 I_c/A
地热空调室	121.5	0.75	0.7～0.8				
地热空调机	489.3	0.75	0.7～0.8				
电梯 A	20	1.73	0.85～0.9				
电梯 B	40	1.73	0.85～0.9				
各层开水器	54	0	0.85～1				
地下室风机	9	0.75	0.85～1				
照明配电总干线	525	0.33	0.4～0.55				
应急照明	30	0.33	0.4～0.55				
重症监护室	30	0.48	0.7～0.85				
消防稳压泵	1.5	0.75	0.65～0.75				
地下室照明	10	0.48	0.85～1				
消防控制室	15	0.48	0.85～1				
压缩空气间	39	0.75	0.85～1				
水泵房	46.5	0.75	0.6～0.7				
中心供氧室	92.4	0.75	0.9～1				

续表

负荷名称	安装容量 P_N/kW	功率因数 $\cos\varphi$	需要系数 K_d	有功功率 P_c/kW	无功功率 Q_c/kVar	视在功率 S_c/kV·A	计算电流 I_c/A
变电所用电	10	0.48	0.9~1				
网络机房	10	0.33	0.9~1				
中心吸氧室	23	0.75	0.9~1				
有功功率同时系数				0.9~0.93			
无功功率同时系数				0.95~1			
总负荷计算结果							

（二）设计任务

（1）无功补偿容量的计算。补偿装置采用 BWF-0.40-3 型低压侧并联电容器补偿，每组补偿容量为 30kVar，要求变压器高压侧功率因数 $\cos\varphi > 0.90$。

（2）变压器容量的选择和台数的确定。

变压器台数的选取应根据用电负荷特点、经济运行条件、节能和降低工程造价等因素综合确定。其容量满足在一台变压器故障或检修时，另一台仍能保持对一、二级用电负荷供电，但需对该台变压器的过负荷能力及其允许运行时间进行校核。

（3）短路电流计算。本案例的等效短路电路如图 4-1-1 所示，已知：变压器为 SC-630 型，10.5kV/0.4kV；额定容量：630kV·A，绕组连接组别：Dyn11；空载损耗：$\Delta P_0 = 1$kW；负载损耗：$\Delta P_k = 2.64$kW；阻抗电压：$U_k\% = 4$；空载电流：$I_0\% = 1.8$；已知变压器高压侧短路容量 $S_k = 150$MV·A，求在变压器低压侧出线端 k1 处的三相短路电流和在电缆头 k2 处的三相短路电流。

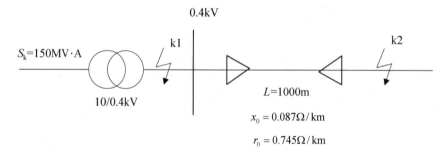

图 4-1-1 本案例的等效短路电路

案例六 某高校供配电系统设计

（一）基础资料

1. 负荷的水平与类型

（1）负荷水平见表 4-1-11。

表 4-1-11　某高校负荷水平一览表

序号	负荷名称	有功功率/kW	无功功率/kVar	序号	负荷名称	有功功率/kW	无功功率/kVar
No1 10kV 变电所				No3 10kV 变电所			
1	第一教学楼	250	170	1	第一食堂	210	180
2	第二教学楼	320	210	2	第二食堂	480	320
3	第三教学楼	210	140	3	第三食堂	300	180
4	第四教学楼	340	210	4	第四食堂	340	300
5	电教中心楼	210	200	5	图书馆	200	100
6	机械实验楼	190	160	6	实验楼	200	140
7	三教消防泵	20	10	7	图书馆消防泵	20	10
8	一教消防梯	25	15	8	实验楼消防泵	20	10
No2 10kV 变电所				No4 10kV 变电所			
1	第五教学楼	220	160	1	第一宿舍	380	310
2	第六教学楼	300	220	2	第二宿舍	440	340
3	第七教学楼	200	180	3	第三宿舍	280	200
4	第八教学楼	300	230	4	第四宿舍	400	350
5	体育运动馆	200	110	5	第五宿舍	200	100
6	水力实验馆	160	100	6	第六宿舍	300	160
7	七教消防泵	20	10	7	三宿舍消防泵	20	10
8	五教消防梯	25	15	8	四宿舍消防泵	20	10

（2）负荷类型：本供电区域负荷属于二级负荷，要求不间断供电。

（3）该校最大负荷利用小时数为 5600h。

2．电源情况

（1）由该校 10kV 电压等级线路提供两个电源，其出口短路容量 $S_k = 250 \text{MV} \cdot \text{A}$。

（2）要求各变电站高压母线的功率因数不低于 0.9。

（3）供电电价由两部分电价组成。

① 基本电价：按变压器容量计算每月基本电价，15 元/（kV·A）。

② 电度电价：由 35kV 供电时 0.70 元/（kW·h）。

3．环境情况

（1）环境年平均气温 18℃。

（2）10kV 变电站布置在相关建筑物的地下室或底层内。

（3）各级变压器均为室内布置。

（二）设计任务

（1）确定全校的电力负荷。
（2）确定全校的供电系统结构形式。
（3）确定10kV变电站的主接线形式、变压器台数及容量。
（4）计算10kV断路器出口处的短路电流，确定10kV断路器型号。
（5）确定10kV电缆型号。
（6）确定无功功率补偿装置。

案例七　某市宾馆商务综合楼供配电系统设计

（一）基础资料

某市宾馆商务综合楼情况：地下1层，层高5.1m，主要作为设备房；地上17层为营业厅及客房，16层设有电梯机房，建筑总高度为63.2m；总建筑面积为14352.6m²，结构形式为框架剪力墙结构，现浇混凝土楼板。

该综合楼的供电系统主接线方式为单母线分段接线。两段分别来自不同的变压器，两条母线间设置断路器作为母联。不重要的负荷（如普通照明、空调）由单回路供电，重要负荷（消防水泵、控制室、电梯、应急照明）都由双回路供电、双电源供电。变压器T1和T2的负荷计算结果见表4-1-12和表4-1-13。

表4-1-12　变压器T1负荷计算结果

设备组编号	设备名称	设备容量 P_N/kW	需要系数 K_d	$\cos\varphi$	有功负荷 P_c/kW	无功负荷 Q_c/kVar	计算容量 S_c/(kV·A)	计算电流 I_c/A
1	正压风机	30	0.9～1	0.8				
2	消防电梯	15	0.9～1	0.8				
3	地下层排烟机	16	0.9～1	0.8				
4	生活泵	12.3	0.75～0.9	0.8				
5	消防中心	10	0.7～0.8	0.7				
6	5～11层应急照明	21	0.75～0.9	0.8				
7	1～4层照明	100	0.75～0.9	0.7				
8	5～10层照明	150	0.65～0.8	0.7				
9	1～4层空调	46.7	0.65～0.8	0.7				
10	空调机房1号机组	138	0.6～0.75	0.8				
11	空调机房水泵	60.5	0.6～0.75	0.8				

第4章 建筑供配电系统初步设计

表 4-1-13 变压器 T2 负荷计算统计表

设备组编号	设备名称	设备容量 P_N/kW	需要系数 K_d	$\cos\varphi$	有功负荷 P_c/kW	无功负荷 Q_c/kVar	计算容量 S_c/(kV·A)	计算电流 I_c/A
1	消防泵,喷淋泵	119	0.85~1	0.8				
2	1~4层应急照明							
3	12~16层应急照明	38	0.75~0.9	0.7				
	地下室应急照明							
	5~15层空调	11	0.65~0.8	0.7				
4	11~16层照明	141	0.65~0.8	0.7				
5	空调机房水泵	59	0.6~0.75	0.8				
6	空调机房2号机组	138	0.6~0.75	0.8				
7	动力机组	4.4	0.85~1	0.8				
8	屋面广告照明箱	50	0.7~0.8	0.7				
9	稳压机	1.5	0.85~1	0.8				
10	客梯	40	0.85~1	0.5				

(二) 设计任务

(1) 负荷计算。根据给出的各负荷明细表,确定负荷;以上数据是选择变压器、供电导线及开关设备的依据。

(2) 方案论证。根据给出的供电电源、供电的技术指标与经济指标,提出可能的供电方式,并加以比较后选择合适的方案。其中,技术指标以供电可靠性、灵活性、安全性为主要内容。该指标若资料不全,可根据自己掌握的施工与预算方面的知识进行概述。

(3) 短路电流计算。在方案论证的条件下,确立最佳方案,做出初步设计。根据初步设计的主接线图,确定短路点,并计算三相短路电流。

(4) 根据初步设计,确定变压器的台数、容量。

(5) 确定无功功率补偿的方式,确定无功功率补偿装置。

(6) 提交的成果为设计计算书,以及变电所一次设备主接线图(高低压柜)2张。

第 5 章　电力系统基本模块库使用

实验一　电力系统 SimPowerSystems 模块库介绍

一、实验目的

（1）熟悉 MATLAB/Simulink 软件的的基本功能、基本界面、命令窗口操作。
（2）熟悉 Elements（电气元件）模块库、Electrical Sources（电源）模块库、Control & Measurements（测控）模块库、Powergui（图形用户界面）模块等。
（3）学会调用 SimPowerSystems 模块库搭建仿真模型并进行仿真分析。

二、实验原理

（一）Elements（电气元件）模块库

1. 模块库调用方法

方法一：单击 MATLAB 工具条上的 Simulink Library 的快捷键图标，即可弹出"Open Simulink block library"。然后，单击 Simscape 模块库→SimPowersystems 模块库→Specialized Technology 模块库→Fundamental Blocks 模块库，即可看到 Elements 模块库的图标。单击 Elements 模块库的图标，即可看到该模块库中的 32 种模块及其图标，如图 5-1-1 所示。

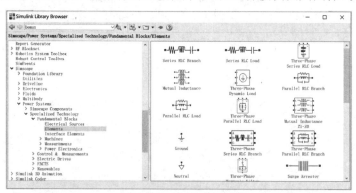

图 5-1-1　调用 Elements 模块库的方法之一

方法二：在 MATLAB 命令窗口中输入"powerlib"，按 Enter 键，即可打开 SimPowerSystems 的模块库，如图 5-1-2 所示。在该模块库中可看到 Elements 模块库的图标，单击该图标，即可看到该模块库中的 32 种模块。

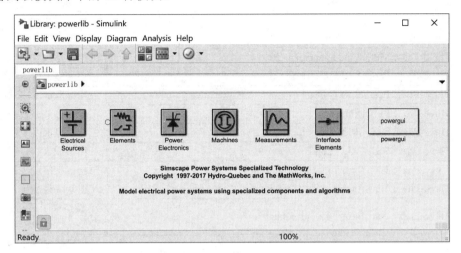

图 5-1-2　调用 Elements 模块库的方法之二

2. Elements 模块库中的模块介绍。

Elements 模块库中的模块名称和功能说明见表 5-1-1。

表 5-1-1　Elements 模块库中的模块名称和功能说明

序号	模块名称	功能说明
1	Breaker	断路器模块
2	Connection Port	接口模块
3	Distributed Parameter Line	分布参数线路模块
4	Ground	接地点/端模块
5	Grounding Transformer	接地变压器模块
6	Linear Transformer	线性变压器模块
7	Multi-Winding Transformer	多绕组变压器模块
8	Mutual Inductance	互感模块
9	Neutral	中性点模块
10	Parallel RLC Branch	RLC 并联分支模块
11	Parallel RLC Load	并联 RLC 负载模块
12	PI Section Line	π 型线路模块
13	Saturable Transformer	可饱和变压器模块
14	Series RLC Branch	串联 RLC 支路模块
15	Series RLC Load	串联 RLC 负载模块
16	Surge Arrester	过电压保护模块

续表

序号	模块名称	功能说明
17	Three-Phase Breaker	三相断路器模块
18	Three-Phase Dynamic Load	三相动态负载模块
19	Three-Phase Fault	三相故障模块
20	Three-Phase Harmonic Filter	三相滤波器模块
21	Three-Phase Mutual Inductance Z1-Z0	三相互感模块
22	Three-Phase Parallel RLC Branch	三相并联 RLC 支路模块
23	Three-Phase Parallel RLC Load	三相并联 RLC 负载模块
24	Three-Phase PI Section Line	三相 π 型线路模块
25	Three-Phase Series RLC Branch	三相串联 RLC 支路模块
26	Three-Phase Series RLC Load	三相串联 RLC 负载模块
27	Three-Phase Transformer（Three Windings）	三相三绕组变压器模块
28	Three-Phase Transformer（Two Windings）	三相双绕组变压器模块
29	Three-Phase Transformer 12 Terminals	12 接线端子三相变压器模块
30	Three-Phase Transformer Inductance Matrix Type（Three Windings）	三相三绕组变压器电感矩阵型模块
31	Three-Phase Transformer Inductance Matrix Type（Two Windings）	三相双绕组变压器电感矩阵型模块
32	Zigzag Phase-Shifting Transformer	移相变压器模块

3. 常用模块介绍

下面介绍在后续示例中将使用到的模块及其模块参数设置方法。

1）Breaker（断路器）模块

Breaker 模块的功能是从一个外部 Simulink 信号（外部控制方式）或者从一个内部控制定时器（内部控制方式），控制一个电路断开和闭合的状态。其参数设置对话框如图 5-1-3 所示，参数名称和意义见表 5-1-2。

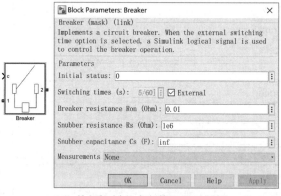

（a）外部控制方式参数设置对话框

图 5-1-3 Breaker 模块的参数设置

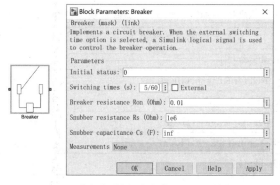

(b)内部控制方式参数设置对话框

图 5-1-3　Breaker 模块的参数设置（续）

表 5-1-2　Breaker(断路器)模块参数的中英文名称和意义

序号	参数的英文名称	参数的中文名称和意义
1	Initial state	初始状态：当初始状态参数设置为 1 时，断路器闭合；当初始状态参数设置为 0 时，断路器断开。如果断路器初始状态被设置为 1（闭合）那么 SimPowerSystems 将自动地初始化所有线性的电路和 Breaker 模块初始电流
2	Breaker resistance Ron（ohm）	内部电阻（又称导通电阻）/Ω：在数欧姆与十欧姆之间取值，断路器的 Ron 参数不能设置为 0
3	Snubber capacitance Rs（ohm）	吸收电阻/Ω：在数欧姆与十欧姆之间取值，把吸收电阻参数设置为 inf 时，便消除缓冲回路
4	Snubber capacitance Cs（F）	吸收电容/F：当它被设置为 0 时，不考虑吸收电容；设置为 inf 时，获得一个容抗
5	Switching time（s）	转换时间/s：规定当以内部的控制方式使用 Breaker 模块时，转换时间的矢量

2）Distributed Parameter Line（分布参数线路）模块

Distributed Parameter Line 模块被规定用于计算线路模型的电阻、电感、电容以及矩阵的频率。其参数设置对话框如 5-1-4 图所示，主要参数的中英文名称见表 5-1-3。

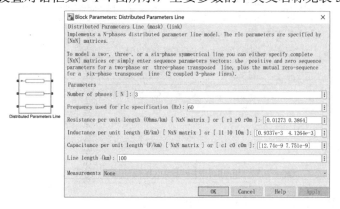

图 5-1-4　Distributed Parameter Line 模块参数设置对话框

表 5-1-3　Distributed Parameter Line 模块主要参数的中英文名称

序号	主要参数的英文名称	主要参数的中文名称
1	Number of phases [N]	相数/个数
2	Frequency used for RLC specifications（Hz）	RLC 频率/Hz
3	Resistance per unit length（ohm/km）	单位长度电阻/（Ω/km）
4	Inductance per unit length（H/km）	单位长度电感/（H/km）
5	Capacitance per unit length（F/km）	单位长度电容/（F/km）
6	Line length（km）	线路长度/（km）

3）Parallel RLC Branch（并联 RLC 分支）模块

Parallel RLC Branch 模块表示单一的电阻、电感、电容或者它们的并联组合。只有即将被应用的元件才会在该模块图标中显示出来，需要关注以下参数。

（1）Branch type：分支类型，它有 R、L、C、RC、RL、LC、RLC、open Circuit 共 8 种选择。

（2）可以选择电感的初始电流（Set the initial inductor current）和电容的初始电压（Set the initial capacitor voltage）。

（3）其余的参数按照设计要求直接填写就可以，例如：

① Resistance R（ohms）：电阻/Ω。

② Inductance L（H）：电感/H。

③ Capacitance C（F）：电容/F。

Parallel RLC Branch 模块参数设置对话框如图 5-1-5 所示。

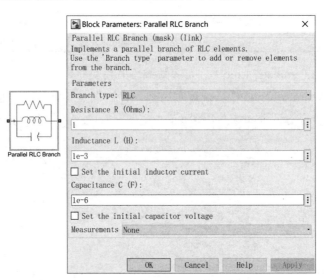

图 5-1-5　Parallel RLC Branch 模块参数设置对话框

4）Parallel RLC Load（并联 RLC 负载）模块

Parallel RLC Load 模块参数设置对话框如图 5-1-6 所示。

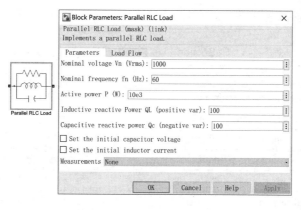

图 5-1-6 Parallel RLC Load 模块参数设置对话框

该模块主要参数的中英文名称见表 5-1-4。

表 5-1-4 Parallel RLC Load（并联 RLC 负载）模块主要参数的中英文名称

序号	主要参数的英文名称	主要参数的中文名称
1	Nominal voltage Vn（Vrms）	额定电压/V
2	Nominal frequency fn（Hz）	额定频率/Hz
3	Active power P（W）	有功功率/W
4	Inductive reactive power QL（Positive Var）	感性无功功率/Var
5	Capacitive reactive power QC（Negative Var）	容性无功功率/Var
6	Set the initial capacitor voltage	设置电容初始电压
7	Capacitor initial voltage（V）	电容初始电压值/V
8	Set the initial inductor current	设置电感初始电流
9	Inductor initial current（A）	电感初始电流值/A

5）PI Section Line（π 型线路）模块

PI Section Line 模块参数设置对话框如图 5-1-7 所示。

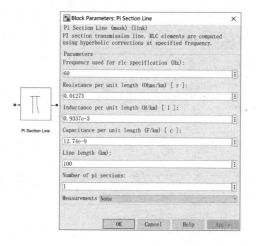

图 5-1-7 PI Section Line 模块参数设置对话框

该模块主要参数的中英文名称见表 5-1-5。

表 5-1-5　PI Section Line 模块主要参数的中英文名称

序号	主要参数的英文名称	主要参数的中文名称
1	Frequency used for rlc specifications（Hz）	用于 RLC 的频率/Hz
2	Resistance per unit length（ohms/km）	单位长度电阻/（Ω/km）
3	Inductance per unit length（H/km）	单位长度电感/（H/km）
4	Capacitance per unit length（F/km）	单位长度电容/（F/km）
5	Line length（km）	π 型线路的总长度/km
6	Number of pi sections	π 型线路的总段数

6）Three-Phase Dynamic Load（三相动态负载）模块

Three-Phase Dynamic Load 模块参数设置对话框如图 5-1-8 所示。

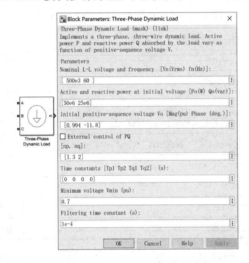

图 5-1-8　Three-Phase Dynamic Load 模块参数设置对话框

该模块通过内部时间和外部方式控制有功和无功负载，其主要参数中英文名称见表 5-1-6。

表 5-1-6　Three-Phase Dynamic Load（三相动态负载）模块参数设置

序号	主要参数的英文名称	主要参数的中文名称
1	Nominal L-L voltage and frequency[Vn (Vrms) fn (Hz)]	额定线-线电压（Vn/Vrms）和频率 f_n（Hz）
2	Active and reactive power at initial voltage[P0（W）Q0(Var)]	初始电压时的有功（W）、无功功率（Var）
3	Initial positive-sequence voltage Vo[Mag (p.u.) phase (deg)]	初始正序电压 V_o 的幅值（p.u.）和相位（°）
4	External control of PQ	外部方式控制有功和无功负载
	Parameters [np nq]	参数
	Time constants [Tp1 Tp2 Tq1 Tq2] (s)	连续时间（s）
	Minimum voltage Vmin（p.u.）	最小电压（p.u.）

7）Three-Phase Fault（三相故障）模块

Three-Phase Fault 模块参数设置对话框如图 5-1-9 所示。

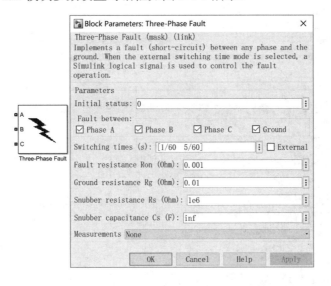

图 5-1-9　Three-Phase Fault 模块参数设置对话框

主要参数说明如下。

（1）Initial status：用于设置断路器的初始状态，它包括 0（开路）和 1（闭合）两种状态，3 个独立断路器的初始状态均为一致状态。

（2）Fault between phase A、Phase B、Phase C 和 Ground：用于激活三相断路器，选中后即被激活；否则，一直处于其默认的初始状态。可以通过 Phase A、Phase B 和 Phase C 和 Ground 选项选择故障类型。

（3）Fault resistances Ron（ohm）：故障电阻/Ω，不能设置为 0 状态；

（4）Ground resistance Rg（ohm）：大地电阻/Ω，如果不设计接地故障，那么大地电阻自动被设置为 106Ω。

（5）Snubbers resistance Rs（ohm）：吸收电阻/Ω。

（6）Snubbers capacitance Cs（F）：吸收电容/F。

（7）Switching times（s）：当用于选择内部控制（Internal control）模式时，需要指定开关时间向量（[起始时间　终止时间]），在每一个转换时间内，Breaker 模块跳变一次；当选择外部控制（External control）模式时，在对话框中就看不到其开关时间参数的对话框。

（二）Electrical Sources（电源）模块库

1. 模块库调用方法

方法一：单击 MATLAB 的工具条上的 Simulink Library 的快捷键图标，即可弹出"Open Simulink block library"。单击 Simscape 模块库→SimPowersystems 模块库→Specialized

Technology 模块库→Fundamental Blocks 模块库→Electrical Sources（电源）模块库，即可看到 Electrical Sources 模块库中的 7 类电源模块图标，如图 5-1-10 所示。

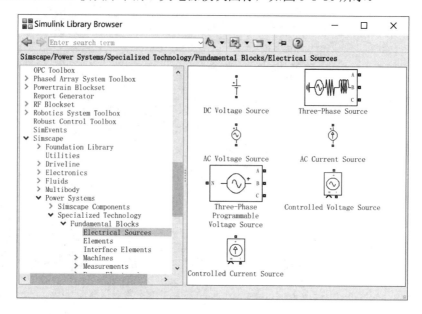

图 5-1-10　调用 Electrical Sources（电源）模块库的方法之一

方法二：在 MATLAB 命令窗口中输入"powerlib"，按 Enter 键，即可打开 SimPowerSystems 模块库，可看到 Electrical Sources 模块库的所有图标，如图 5-1-11 所示。

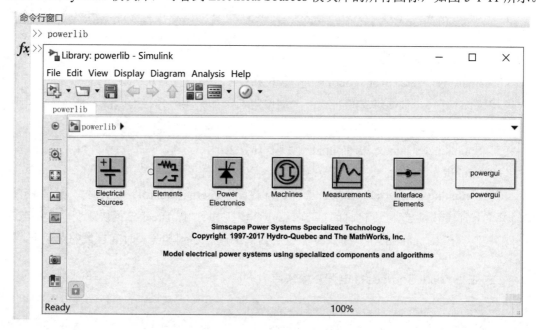

图 5-1-11　调用 Electrical Sources 模块库的方法之二

Electrical Sources 模块库中的各个模块中英文名称见表 5-1-7。

表 5-1-7　Electrical Sources 模块库中的各个模块的中英文名称

序号	模块的英文名称	模块的中文名称
1	AC Current Source	交流电流源
2	AC Voltage Source	交流电压源
3	Controlled Current Source	可控电流源
4	Controlled Voltage Source	可控电压源
5	DC Voltage Source	直流电压源
6	3-Phase Programmable Voltage Source	三相可编程电压源
7	3-Phase Source	三相电源

2．电源模块学习

1）AC Current Source（交流电流源）模块

AC Current Source 模块经常用在电路的仿真模型中，其表达式为

$$i = I_\mathrm{m} \sin(2\pi ft + \varphi) \tag{5-1-1}$$

式中，I_m 表示 AC Current Source 模块的峰值，φ 表示它的相位，f 表示它的频率。

AC Current Source 模块参数设置对话框如图 5-1-12 所示，该模块参数的中英文名称见表 5-1-8。

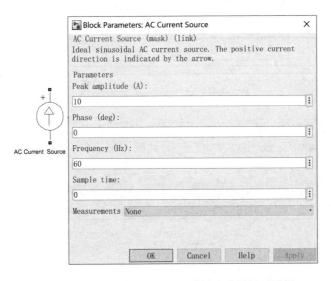

图 5-1-12　AC Current Source 模块参数设置对话框

表 5-1-8　AC Current Source 模块参数的中英文名称

序号	参数的英文名称	参数的中文名称
1	Peak amplitude（A）	幅值/A
2	Phase（deg）	相位/（°）
3	Frequency（Hz）	频率/Hz

2）AC Voltage Source（交流电压源）模块

AC Voltage Source 模块经常用在电路的仿真模型中，它的表达式为

$$u = U_m \sin(2\pi ft + \varphi) \tag{5-1-2}$$

式中，U_m 表示 AC Voltage Source 模块的峰值，φ 表示它的相位，f 表示它的频率。

AC Voltage Source 模块参数设置对话框如图 5-1-13 所示，该模块参数的中英文名称见表 5-1-9。

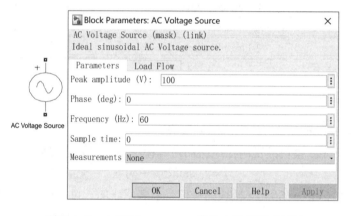

图 5-1-13　AC Voltage Source 模块参数设置对话框

表 5-1-9　AC Voltage Source 模块参数的中英文名称

序号	参数的英文名称	参数的中文名称
1	Peak amplitude（A）	幅值/A
2	Phase（deg）	相位/（°）
3	Frequency（Hz）	频率/Hz

3）Controlled Current Source（可控电流源）模块

Controlled Current Source 模块参数设置对话框如图 5-1-14 所示。

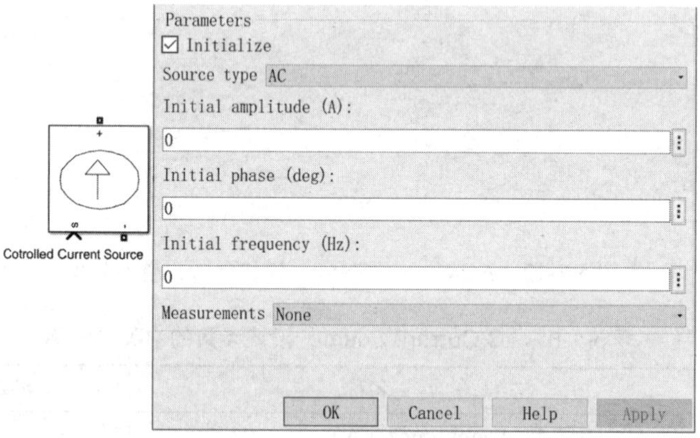

图 5-1-14　Controlled Current Source 模块参数设置对话框

该模块初始化特性参数的中英文名称见表 5-1-10。

表 5-1-10　Controlled Current Source 模块初始化特性参数的中英文名称

序号	参数的英文名称	参数的中文名称
1	Initial amplitude（V）	初始化幅值/V
2	Initial phase（deg）	初始化相位/（°）
3	Initial frequency（Hz）	初始化频率/Hz

4）Controlled Voltage Source（可控电压源）模块

Controlled Voltage Source 模块参数设置对话框如图 5-1-15 所示。

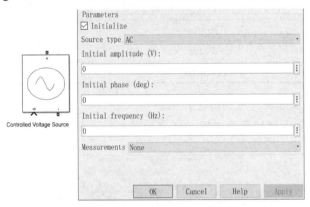

图 5-1-15　Controlled Voltage Source 模块参数设置对话框

该模块的初始化特性参数的中英文名称见表 5-1-11。

表 5-1-11　Controlled Voltage Source 模块初始化特性参数的中英文名称

序号	参数的英文名称	参数的中文名称
1	Initial amplitude（V）	初始化幅值/V
2	Initial phase（deg）	初始化相位/（°）
3	Initial frequency（Hz）	初始化频率/Hz

5）Three-Phase Programmable Voltage Source（三相可编程电压源）模块

Three-Phase Programmable Voltage Source 模块参数设置对话框如图 5-1-16 所示。

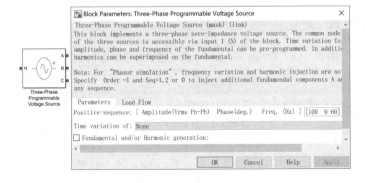

图 5-1-16　Three-Phase Programmable Voltage Source 模块参数设置对话框

该模块特征参数中英文名称见表 5-1-12。

表 5-1-12　Three-Phase Programmable Voltage Source
（三相可编程电压源）模块特征参数的中英文名称

序号	参数的英文名称	参数的中文名称
1	Amplitude（Vrms Ph-ph）	幅值/相-相有效值电压/V
2	Phase（deg）	相角/（°）
3	Frequency（Hz）	频率/Hz
4	Time variation of（3 种控制方式）	随时间变化的参变量
	Amplitude	幅控
	Phase	相控
	Frequency	频控

6）Three-Phase Source（三相电源）模块

Three-Phase Source 模块参数设置对话框如图 5-1-17 所示。

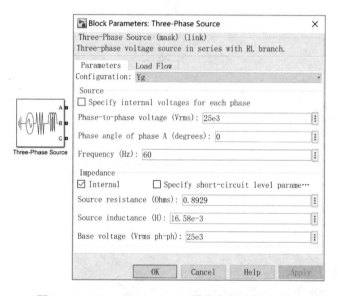

图 5-1-17　Three-Phase Source 模块参数设置对话框

该模块特征参数中英文名称见表 5-1-13。

表 5-1-13　Three-Phase Source 模块特征参数的中英文名称

序号	参数的英文名称	参数的中文名称
1	Phase-to-phase rms voltage（V）	相-相有效值电压/V
2	Phase angle of phase A（deg）	A 相相角/（°）
3	Frequency（Hz）	频率/Hz
4	Internal connection	内部连接方式,它包括3种方式：Υ、$Υ_g$ 和 $Υ_n$ 型

三、实验内容与要求

根据图 5-1-18 所示电路原理,在 MATLAB/Simulink 环境下搭建如图 5-1-19 所示的仿真模型。图 5-1-18 中 L1 和 C1 的参数值分别为10mH 和 4700μF,负载电阻为 RL 其值为1Ω。设输入的正弦电压为 $u_1 = 220\sin\omega t$,其幅值为 220V,频率为 50Hz。

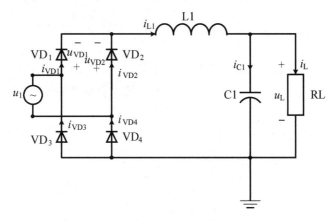

图 5-1-18　LC 滤波的全波整流电路原理

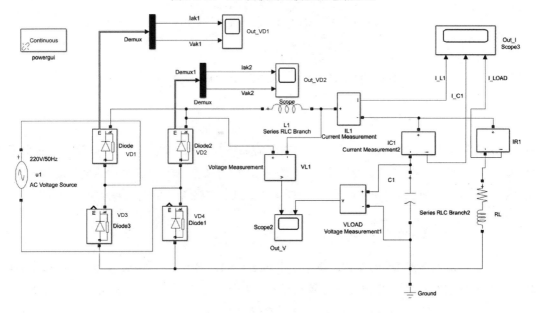

图 5-1-19　LC 滤波的全波整流电路仿真模型

要求:

(1) 调用 MATLAB/Simulink 基本电气元件搭建 LC 滤波的全波整流电路的仿真模型。

(2) 观察并记录波形图。

① 输出-流过负载 RL 的电流波形图。

② 输出-滤波输出电压的波形图。
③ 输出-流过整流二极管 VD1 和 VD2 的电流波形图。
④ 输出-流过滤波电感 L1 和电容 C1 的电流波形图。
⑤ 输出-加在整流二极管 VD1 和 VD2 两端的电压波形图。

四、主要模块参数设置

1. AC Voltage Source（交流电源）模块

单击 AC Voltage Source（交流电源）模块的名称，将它命名为"u1"。然后，双击该模块，弹出它的参数对话框，进行参数设置，参数设置对话框如图 5-1-20 所示。单击"OK"按钮，完成该模块参数设置。

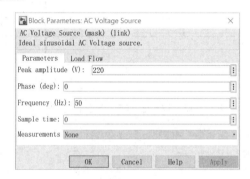

图 5-1-20　AC Voltage Source 模块参数设置对话框

2. Diode（二极管）模块

设置 Diode 模块的参数：单击 Diode 模块的名称框，依序将 4 个 Diode 模块分别命名"VD1"～"VD4"。然后，双击该模块，进行参数设置（本例采用二极管的默认参数）。单击"OK"按钮，完成该模块参数设置。本例需要四个二极管，可采取复制方式。

3. Series RLC Branch（串联 RLC 分支）模块

（1）设置滤波电感 L1 的参数。将第一个 Series RLC Branch 模块命名为"L1"，双击串联 RLC 分支模块"L1"，弹出参数设置对话框，如图 5-1-21 所示。在 Resistance R(Ohms)文本框中输入 0，在 Inductance L(H)文本框中输入 10e-3（10mH），在 Capacitance C(F)文本框中输入 inf。然后，单击"OK"按钮，完成参数设置。

（2）设置滤波电容 C1 的参数。将第二个 Series RLC Branch 模块命名为"C1"，双击串联 RLC 分支模块"C1"，弹出参数设置对话框，如图 5-1-22 所示。在 Resistance R(Ohms)文本框中输入 0，在 Inductance L(H)文本框中输入 0，在 Capacitance C(F)文本框中输入 4700e-6（4700F）。然后，单击"OK"按钮，完成滤波电容模块参数设置。

（3）设置负载电阻 RL 的参数。将第三个 Series RLC Branch（串联 RLC 分支）模块命名为"RL"，双击串联 RLC 分支模块"RL"，弹出参数设置对话框，如图 5-1-23 所示。在 Resistance R(Ohms)文本框中输入 1，在 Inductance L(H)文本框中输入 0（0H），在 Capacitance C(F)文本框中输入 inf。然后，单击"OK"按钮，完成负载电阻模块参数设置。

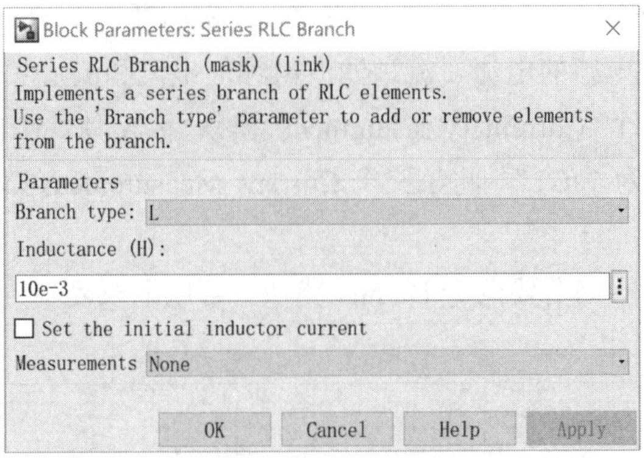

图 5-1-21　滤波电感 L1 的参数设置对话框

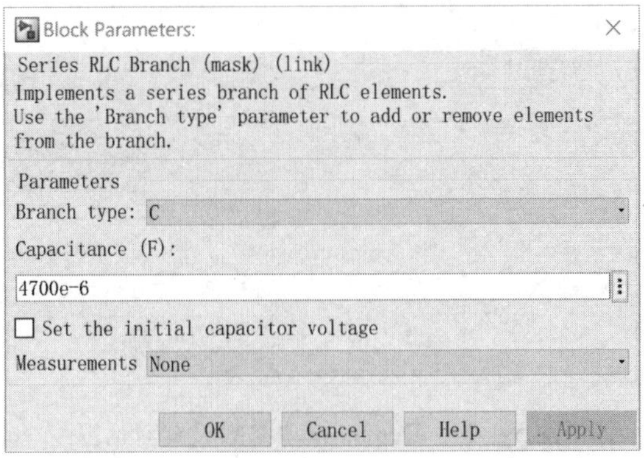

图 5-1-22　滤波电感 C1 的参数设置对话框

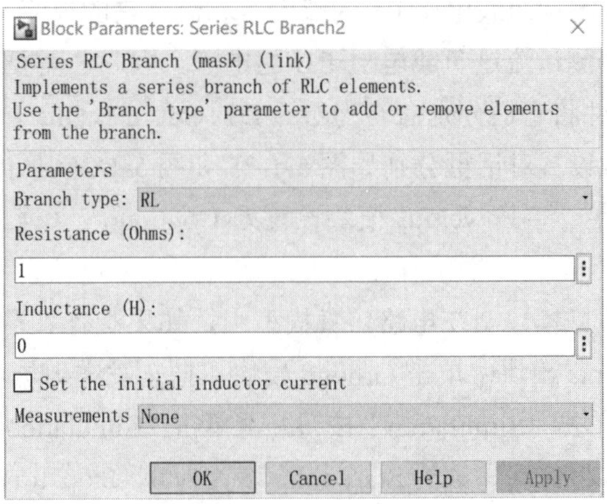

图 5-1-23　负载电阻 RL 的参数设置对话框

（4）Voltage Measurement（电压测量）模块。本例需要两个 Voltage Measurement 模块，分别用于测量滤波电感和滤波电容的端电压。可以采取复制方式，将第一个 Voltage Measurement 模块命名为"VL1"，将第二个 Voltage Measurement 模块命名为"VLOAD"，其他参数不用修改。

（5）Current Measurement（电流测量）模块。本例需要三个 Current Measurement 模块，分别用于测量流过滤波电感的电流、流过滤波电容的电流和流过负载电阻的电流。可以采取复制方式，将第一个 Current Measurement 模块命名为"IL1"，将第二个 Current Measurement 模块命名为"IC1"，将第三个 Current Measurement 模块命名为"IR1"，其他参数不用修改。

（6）Demux 模块。本例需要两个 Demux 模块，可以采取复制方式。该模块参数设置对话框如图 5-1-24 所示。

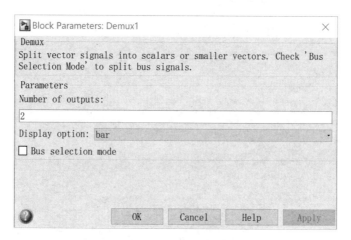

图 5-1-24 Demux 模块参数设置对话框

（7）Scope 模块。本例需要 4 个 Scope 模块，分别用于测量二极管 VD1 和 VD2 的端电压和流过它们的电流、测量滤波电感 L1 的端电压和流过它的电流、测量滤波电容 C1 的端电压和流过它的电流、测量流过负载电阻 RL 的电流。因此，需要两轴 Scope 模块三个、三轴 Scope 模块一个，并将它们分别命名为 Out_D1、Out_D2、Out_I 和 Out_V。其两轴 Scope 和三轴 Scope 模块参数设置对话框分别如图 5-1-25 和图 5-1-26 所示。

（8）Powergui 模块。将 Powergui 模块设置为 Continuous（连续）模式，单击"OK"按钮；

（9）Ground（地线）模块。在电路仿真模型中，如果没有"零电位"参考，就无法进行仿真计算。在 Elements 模块中单击 Ground 模块，把它发送到仿真模型文件。

（10）仿真模型。单击"Simulation"按钮，再单击"Simulation Parameters"，弹出一个仿真参数设置对话框。将仿真参数的 Start time 设置为 0，Stop time 设置为 0.1，其他为默认参数，单击"OK"按钮。

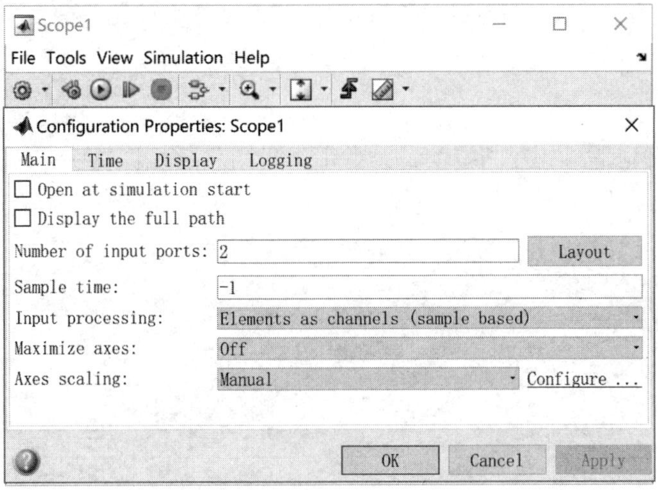

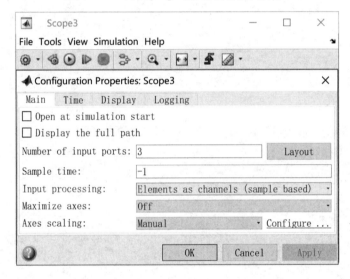

图 5-1-25　两轴 Scope 模块参数设置对话框

图 5-1-26　三轴 Scope 模块参数设置对话框

五、参考波形

流过电感 L1、电容 C1 和负载电阻 RL 的电流波形图如图 5-1-27 所示。电感 L1 和负载电阻 RL 的端电压波形图如图 5-1-28 所示，二极管 VD1 的电流和电压波形图如图 5-1-29 所示，二极管 VD2 的电流和电压波形图如图 5-1-30 所示。

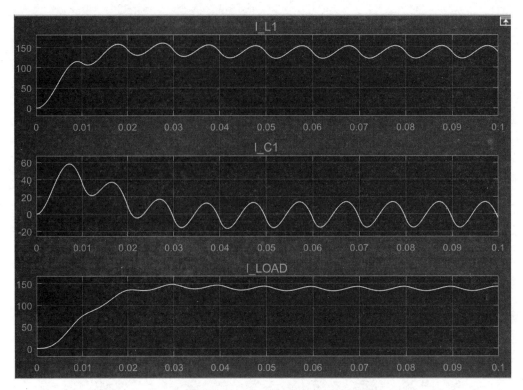

图 5-1-27　流过电感 L1、电容 C1 和负载电阻 RL 的电流波形图

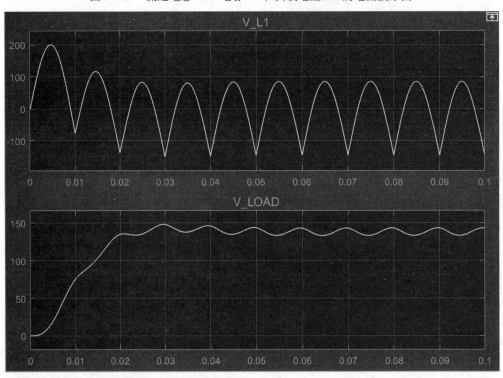

图 5-1-28　电感 L1 和负载电阻 RL 的端电压波形图

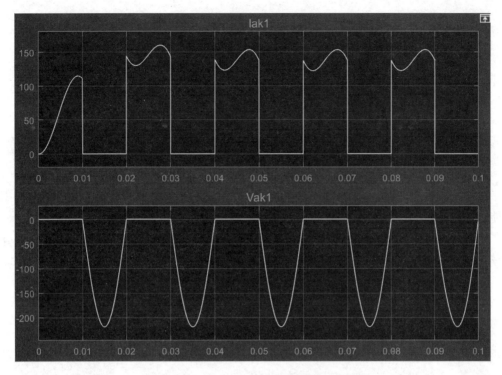

图 5-1-29　二极管 VD1 的电流和电压波形图

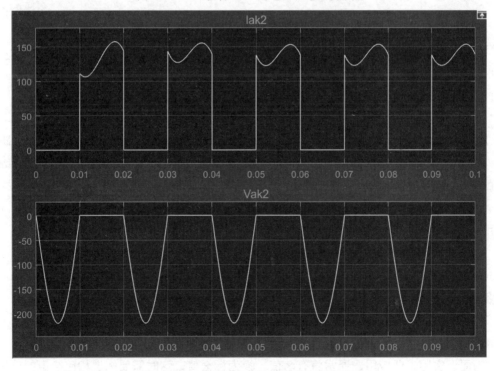

图 5-1-30　二极管 VD2 的电流和电压波形图

实验二 电力变压器的建模与仿真

一、实验目的

（1）熟悉 Linear Transformer（线性变压器）模块、Saturable Transformer（可饱和变压器）模块以及各种 Three Phase Transformer（三相电力变压器）模块在电力系统仿真模型中的使用方法和设置技巧。

（2）熟悉 Powergui（图形用户界面）模块使用方法、参数设置技巧及 FFT 算法分析方法。

二、实验原理

（一）电力变压器模块库

1. Linear Transformer（线性变压器）模块

Linear Transformer 模块的参数设置对话框里的标幺值是以变压器本身容量和电压为基准的，Units 单位[选择 p.u.（标幺值）或者 SI（实名单位制）]是规定线性变压器模块参数的单位，包括从 p.u.到 SI 的参数或者从 SI 到 p.u.的参数，可以自动地改变并在模块界面中显示出来。

对 Linear Transformer 模块，需要重点关注以下参数。

（1）Nominal power and frequency {Pn[VA fn（Hz）]}：额定容量（V·A）和频率（Hz）。

（2）Winding 1 parameters [V1（Vrms） R1（p.u.） L1（p.u.）]：绕组 1 的电压（Vrms）、电阻（p.u.）、电感（p.u.）。

（3）Winding 2 parameters [V2（Vrms） R2（p.u.） L2（p.u.）]：绕组 2 的电压（Vrms）、电阻（p.u.）、电感（p.u.）。

（4）选择 Three windings transformer（三绕组变压器）时，就需要设置 Winding 3 parameters [V3（Vrms） R3（p.u.） L3（p.u.）]，即绕组 3 的电压（Vrms）、电阻（p.u.）、电感（p.u.）。

（5）Magnetization resistance and reactance [Rm（p.u.） Lm（p.u.）]：激磁电阻/p.u.和激磁电感/p.u.。

为便于实际工业应用，通常将有名值转换为标幺值，这时需要知道相应绕组的额定功率（P_n，单位 V·A）、额定电压[V_n，单位 V，多用 Vrms（有效值）表征]以及额定频率（f_n，单位 Hz）。每个绕组的电阻和电抗的标幺值定义分别为

$$R_{(p.u.)} = \frac{R}{R_{(base)}}, L_{(p.u.)} = \frac{L}{L_{(base)}}, R_{(base)} = \frac{(V_n)^2}{P_n}, L_{(base)} = \frac{R_{(base)}}{2\pi f_n} \quad (5\text{-}2\text{-}1)$$

式中，V_n、P_n 和 f_n 分别表示原边绕组的额定电压、额定功率和额定频率。激磁阻抗标幺值是根据原边绕组的额定功率和额定电压折算出来的。

Linear Transformer 模块两个参数设置对话框如图 5-2-1 所示。

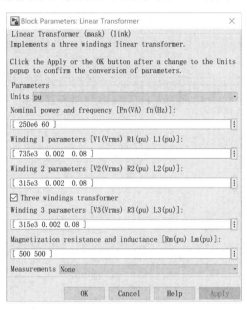

图 5-2-1　Linear Transformer 模块参数设置对话框

2. Saturable Transformer（可饱和变压器）模块

Saturable Transformer 模块的参数包括 Configuration（结构）参数和 Parameter（电磁）参数，该模块参数设置对话框如图 5-2-2 所示。需要考虑线圈的电阻（R_1　R_2　R_3）和漏感（L_1　L_2　L_3），还要考虑铁芯磁化的特点，可用模拟铁芯的有功功率损耗和一个可饱和电感 L_{sat} 的模拟电阻 R_m 表示，Units 单位可以选择 p.u.和 SI。该模块需要设置的参数如下：

（1）Nominal power and frequency[Pn（V·A　fn（Hz））]：额定容量（V·A）和频率（Hz）。

（2）Winding 1 parameters[V1（Vrms）　R1（p.u.）　L1（p.u.）]：绕组 1 的电压（Vrms）、电阻（p.u.）、电感（p.u.）。

（3）Winding 2 parameters[V2（Vrms）　R2（p.u.）　L2（p.u.）]：绕组 2 的电压（Vrms）、电阻（p.u.）、电感（p.u.）。

（4）Winding 3 parameters[V3（Vrms）　R3（p.u.）　L3（p.u.）]：绕组 3 的电压（Vrms）、电阻（p.u.）、电感（p.u.）。

（5）Saturation characteristic(i1 phi1；i2 phi2；…)：饱和特点。

（6）Core loss resistance and initial flux[Rm phi0] or[Rm（p.u.）]：铁芯损耗电阻和初始电流。

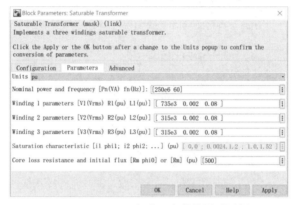

(a) Configuration(结构)参数设置对话框

(b) Parameter(电磁)参数设置对话框

图 5-2-2　Saturable Transformer 模块两个参数设置对话框

3. Three Phase Transformer(三相电力变压器)模块

MATLAB 软件中主要包括 8 种类型的三相变压器模块,具体中英文名称见表 5-2-1。

表 5-2-1　MATLAB 软件中的三相变压器模块的中英文名称

序号	英文名称	中文名称
1	Three-phase Transformer(Two Windings)	双绕组三相变压器模块
2	Three-Phase Transformer Inductance Matrix Type(Two Windings)	三相双绕组变压器电感矩阵模块
3	Three-phase Transformer(Three Windings)	三绕组三相变压器模块
4	Three-Phase Transformer Inductance Matrix Type(Three Windings)	三绕组三相变压器电感矩阵模块
5	Zigzag Phase-Shifting Transformer	移相变压器模块
6	3-Phase Transformer 12-terminals	12 端子三相变压器模块
7	Grounding Transformer	接地变压器模块
8	Multi-winding Transformer	多绕组变压器模块

下面重点介绍 Three-phase Transformer（Two Windings）双绕组三相变压器模块。Three-phase Transformer（Two Windings）参数主要包括 Configuration（结构）参数和 Parameters（电磁）参数，该模块两个参数设置对话框如图 5-2-3 所示。

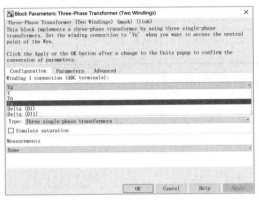

（a）Configuration（结构）参数设置对话框

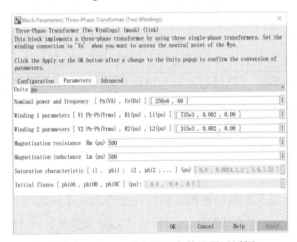

（b）Parameters（电磁）参数设置对话框

图 5-2-3　Three-phase Transformer（Two Windings）模块两个参数对话框

Configuration（结构）参数：

1）Winding 1 Connection (ABC terminals)

绕组 1（A、B、C 三相）的连接方式，其主要参数名称和意义见表 5-2-2。

表 5-2-2　Configuration（结构）参数名称和意义

参数名称	参数意义
Y	星形（Y），模型将自动显示表征Y形接线方式的Y字样
Yn	带中性线的星形（Yn），模型将自动显示表征Yn形接线方式的Yn字样
Yg	星形接地（Yg），模型将自动显示表征Yg形接线方式的Yg字样
Delta (D1)	三角形 D1（超前星形 30°），模型将自动显示表征 D1 形接线方式的 D1 字样
Delta (D11)	三角形 D11（滞后星形 30°），模型将自动显示表征 D11 形接线方式的 D11 字样

2）Winding 2 Connection（ABC terminals）

绕组 2（abc 三相）的连接方式，其主要参数名称和意义见表 5-2-3。

表 5-2-3　Winding 2 Connection（ABC terminals）参数名称和意义

参数名称	参数意义
Y	星形（Y），模型将自动显示表征 Y 形接线方式的 Y 字样
Y$_n$	带中性线的星形（Y$_n$），模型将自动显示表征 Y$_n$ 形接线方式的 Y$_n$ 字样
Y$_g$	星形接地（Y$_g$），模型将自动显示表征 Y$_g$ 形接线方式的 Y$_g$ 字样
Delta (D1)	三角形 D1（超前星形 30°），模型将自动显示表征 D1 形接线方式的 D1 字样
Delta (D11)	三角形 D11（滞后星形 30°），模型将自动显示表征 D11 形接线方式的 D11 字样

3）Core Type

铁芯类型，有三相组式变压器铁芯、三相心式变压器铁芯，其主要参数如下：

（1）Three Single-phase Transformers：三个单相变压器铁芯，该类型铁芯各相磁路彼此独立，它适用于电网中超过数百 MW 等级的变压器。

（2）Three-limb Core（core type）：三相心式变压器铁芯，该类型铁芯各相磁路之间彼此关联，在绝大多数应用场合中，建议选择此类型铁芯，特别是在一个非对称故障的模拟时，不论线性和非线性模型（包括饱和）都可以获得准确的仿真结果。

（3）Five-limb core（shell type）：五心式变压器铁芯，在特殊场合如非常大的变压器中，采用该铁芯结构（三相臂和 2 个外臂），这是常见的壳型结构，有利于降低变压器整体高度，便于运输。

4）Simulate saturation

表示对变压器进行饱和特性的模拟，同时还会出现两个复选框 Simulate hysteresis（磁滞饱和特性仿真）和 Specify initial fluxes（指定初始磁通量）。

5）Measurements

可以获得的测量值，其参数名称和意义见表 5-2-4。

表 5-2-4　Measurements 参数名称和意义

参数名称	参数意义
Winding Voltages	测量绕组端电压/V
Winding Currents	测量流过绕组的电流/A
Fluxes and Excitation Currents（Im + IRm）	测量磁链（V.s）和总励磁电流包括铁损失以 Rm 为模型（A）
All Measurements（V，I，Flux）	获取绕组电压、流过绕组的电流、磁化电流和磁链

Parameters（电磁）参数名称和意义见表 5-2-5。

表 5-2-5　Parameters（电磁）参数名称和意义

参数名称	参数意义
Units	表示变压器的参数单位有两种选择，即标幺值和国际单位
Nominal Power and Frequency	变压器的额定功率（VA）和额定频率（Hz），将单位由标幺值更换为国际单位时，额定参数不会影响变压器模型
Winding 1 Parameters	绕组 1 的电磁参数，它包括相-相额定电压有效值（V）、电阻（p.u.）、漏感（p.u.）
Winding 2 Parameters	绕组 2 的电磁参数，它包括相-相额定电压有效值（V）、电阻（p.u.）、漏感（p.u.）
Magnetization Resistance (Rm)	激磁电阻（p.u.）
Magnetization Inductance (Lm)	激磁电感（p.u.）。该参数是针对非饱和铁芯而言的，如果对变压器模型的结构参数，选择饱和参数选项，那么磁化电感参数无效
Saturation Characteristic	用于模拟变压器的饱和特性，如果对变压器模型的结构参数，选择饱和参数选项，那么该参数有效
Initial Fluxes	初始通量。如果对变压器模型的结构参数，选择初始通量和饱和参数选项，那么该参数有效；初始通量等参数没有被选择时，系统将自动按照稳态模型进行模拟计算

（二）Powergui 模块

双击 Powergui 模块，弹出它的参数对话框，如图 5-2-4 所示。

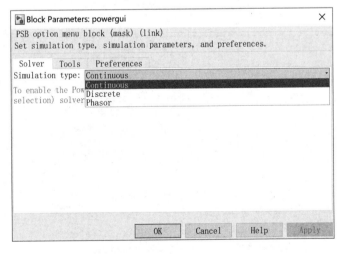

图 5-2-4　Powergui 模块的参数对话框

1. Solver

Powergui 模块的 Solver（求解器/算法）可以有以下几种类型：

（1）Continuous：连续方式。该方式采用连续算法求解电力系统，适用于小型电力系统

（状态量 10 个以下）。

（2）Discrete：定步长（Fixed Time Step）的离散化求解方式。如果选择此项，电力系统模块将在离散化的模型下进行仿真分析和计算，其采样时间由 Sample Time 参数项给定，适用于大型电力系统或电路中有电力电子器件的场合。Solver 要设置成定步长，步长根据经验自己设置（若没经验，可以先试几次，从小到大设置一下，两次运行结果差异不大以后就以步长大的为准）。步长会影响模拟总时间和结果的正确性，一般用来模拟电力电子，有绝缘栅双极型晶体管（IGBT）等开关。

（3）Phasor：相量求解方式。如果选中此项，Phasorfrequency（相量频率）栏必须填写，则模型中的电力系统模块将执行相量仿真，并且在设定的频率下进行仿真计算和分析。选中此项后，在指定模型进行相量仿真时，该频率作为电力系统模块的工作频率。如果"相量仿真（Phasor simulation）"参数项没被选中时，则频率参数项不可用。

Simulink 里的各种 Solver 的含义及其适用范围见表 5-2-6。

表 5-2-6　Simulink 里的各种 Solver 的含义及其适用范围

算法器	问题类型	精度级别	适用范围
Ode45	非刚性	中等	大多数时候是首选算法
Ode23	非刚性	低	允许误差较大时或解决中度刚性问题
Ode113	非刚性	低-高	允许误差小时或计算很密集
Ode15s	刚性	低-中	由刚性系统引起 ode45 计算很慢时
Ode23s	刚性	低	刚性系统允许误差大时或质量矩阵为常数
Ode23t	中度刚性	低	中度刚性系统的解没有数值衰减
Ode235tb	刚性	低	刚性系统允许误差小

2. Tools

Powergui 模块的工具箱。该工具箱对话框如图 5-2-5 所示。

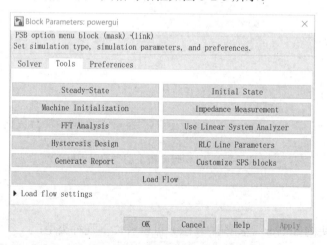

图 5-2-5　Powergui 模块的工具箱对话框

该类工具箱名称和主要功能见表 5-2-7。

表 5-2-7 Powergui 模块的工具箱功能

序号	Powergui 工具箱名称	主要功能
1	Steady-State	稳态分析
2	Initial State	初始条件设置
3	Load Flow	潮流标签设置
4	Machine Initialization	电动机初始化处理
5	Impedance Measurement	阻抗测量分析
6	FFT Analysis	FFT 变换与分析，利用 Powergui 模块中的快速傅里叶（FFT）分析工具，可以对该仿真系统中的一些重要变量进行傅里叶分析
7	Use Linear System Analyzer	线性系统分析仪
8	Hysteresis Design	滞回（饱和）特性设计（工具箱），对饱和变压器、三相变压器等模块的饱和铁芯的磁滞特性参数进行设置
9	RLC Line Parameters	RLC 传输线参数设置
10	Generate Report	报告生成器
11	Customize SPS blocks	定制 SPS 模块

3. Preferences

Powergui 模块的参考辅助项，其对话框如图 5-2-6 所示，其主要参数说明见表 5-2-8。

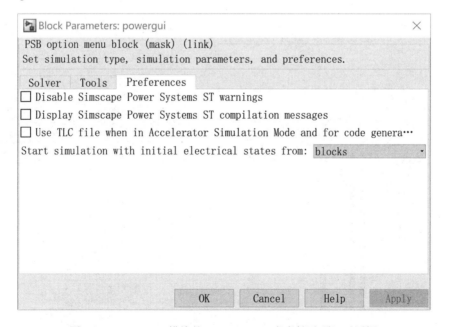

图 5-2-6 Powergui 模块的 Preferences（参考辅助项）对话框

表 5-2-8　Powergui 模块的 Preferences 参数说明

序号	Powergui 工具箱名称（Preferences）	主要功能
1	Disable SimPower Systems ST warnings	屏蔽警告信息。如果选中此项，那么该仿真模型在仿真和分析时，将不会显示电力系统模块的相关信息
2	Display SimPowerSystems ST compilation messages	显示警告信息
3	Allow multiple Powergui blocks	运行多个 Powergui 模块
4	Use TLC file when in Accelerator Simulation Mode and for code generation	运行 TLC 文件加速仿真和代码生成
5	Start simulation with initial electrical states from	告诉系统仿真从模块、稳态和零状态哪种情况开始，默认为从模块开始
6	Load flow frequency（Hz）	潮流频率/Hz
7	Base power Phase（V·A）	基值功率/（V·A）
8	PQ tolerance（p.u.）	PQ 容差（采用标幺值）
9	Max iterations	最大迭代次数
10	Voltage units	电压单位：V 或 kV
11	Determine the power units（W, kW, MW）	功率的单位：W 或 kW，MW

4. FFT Analysis（FFT 分析）工具箱

进入 Powergui 模块，单击 FFT Analysis 工具，先选择信号界面，再选择基波频率、显示频率、横轴显示式、总显示格式等，该工具窗口如图 5-2-7 所示，现将各重要参数说明如下：

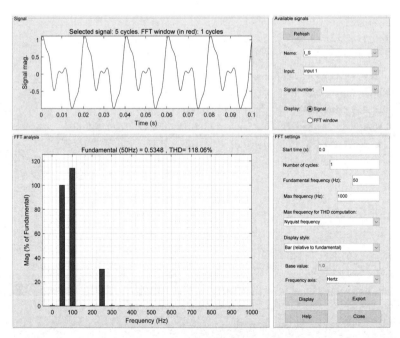

图 5-2-7　Powergui 模块的 FFT Analysis 工具窗口

（1）Signal 参数：图表，窗口左上侧的图形表示被分析信号的波形。

（2）FFT Analysis 参数：FFT 分析图，窗口左下侧的图形表示该信号的 FFT 分析结果。

（3）available signals 参数：可用于由 FFT 分析的变量，列出 Workspace（工作区间）中 Structure with time（带时间的结构变量）的名称，使用下拉菜单选择需要分析的带时间的结构变量。需要提醒的是，这些带时间的结构变量名可以由 Scope（示波器）模块产生。打开示波器模块参数对话框，按照前述方法，完成变量的命名、结构变量的转换，即选择 Structure with time（带时间的结构变量），包括以下两个下拉框。

① Input（输入变量）下拉框：列出被选中的结构变量中包含的输入变量名称，选择需要分析的输入变量。

② Signal Number（信号路数）下拉框：列出被选中的输入变量中包含的各路信号的名称。例如，若把 A、B、C 三相电压绘制在同一个坐标系中，则可以通过把这三个电压信号同时送入示波器的一个通道来实现。这个通道就对应一个输入变量，该变量含有三路信号，分别为 A 相、B 相和 C 相电压。

（4）FFT Setting 参数：FFT 分析参数设置，其参数功能说明见表 5-2-9。

表 5-2-9　FFT setting 参数

序号	FFT setting 参数	功能说明
1	Start Time	"开始时间"文本框。指定 FFT 分析的起始时间
2	Number of Cycles	"周期个数"文本框。指定需要进行 FFT 分析的波形的周期数
3	Fundamental Frequency	"基频"文本框。指定 FFT 分析的基频/Hz
4	Max Frequency	"最大频率"文本框。指定 FFT 分析的最大频率/Hz
5	Max Frequency for THD Computation	"计算 THD 的最大频率"文本框。指定 FFT 分析计算 THD 的最大频率/Hz
6	Display Style	显示类型下拉框。频谱的显示类型可以是 Bar（Relative to Fund. or DC）（以基频或直流分量为基准的柱状图）、List（Relative to Fund. or DC）（以基频或直流分量为基准的列表）、Bar（Relative to Specified Base）（指定基准值下的柱状图）、List（Relative to Specified Base）（指定基准值下的列表）四种类型
7	Base Value	"基准值"文本框。当"显示类型"下拉框中选择"指定基准值下的柱状图"或"指定基准值下的列表"时，该文本框被激活，输入谐波分析的基准值
8	Frequency Axis	"频率轴"下拉框。在下拉框中选择"赫兹"（Hertz）使频谱的频率轴单位为 Hz，选择"谐波次数"（Harmonic Order）使频谱的频率轴单位为基频的整数倍

三、实验内容与要求

根据图 5-2-8 所示的变压器电路，在 MATLAB/Simulink 环境下搭建三相双绕组变压器电路仿真模型,如图 5-2-9 所示。电路参数设置如下:交流电源电压分别为 $u_{S1}=1000\sin(100\pi t)$V,$u_{S2}=800\sin(200\pi t+30°)$V,$u_{S3}=100\sin(500\pi t+120°)$V,变压器容量为 80kV·A,变压器二次侧负载为 RC 并联,参数设置为 35kW 和 25kVar。

要求:

(1) 获取电压器一次侧电流和二次侧电流波形。

(2) 变压器二次侧电流波形的 FFT 分析结果。

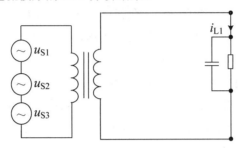

图 5-2-8 变压器电路

四、主要模块的参数设置

(1) AC Voltage Source(交流电压源)模块:本实验需要调用 3 次,电源 u_{S1} 的幅值为 1000V,频率为 50Hz,相位角 0°,其他参数为默认值;电源 u_{S2} 的幅值为 800V,频率为 100Hz,其他参数为默认值;电源 u_{S3} 的幅值为 100V,频率为 250Hz,其他参数为默认值。该模块参数设置如图 5-2-10 所示。

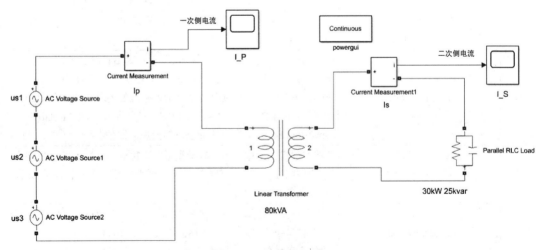

图 5-2-9 三相双绕组变压器电路仿真模型图

(2) Linear Transformer(线性变压器)模块:本实验使用双绕组变压器(Two Windings Transformer),将二次侧绕组的内阻和电感值为 0.001 和 0.0001H(标幺值),即近似 0。一次侧绕组内阻的标幺值为 0.1875,电感的标幺值为 0.01875H,计算方法如下,该模块参数设置如图 5-2-11 所示。

$$R_{\text{base}} = X_{\text{base}} = Z_{\text{base}} = \frac{V_n^2}{P_n} \approx \frac{1000 \times 1000}{80 \times 1000} = \frac{1000}{80} \Omega \quad (5\text{-}2\text{-}2)$$

式中，$V_n \approx 1000\text{V}$，取近似值，可自行计算。

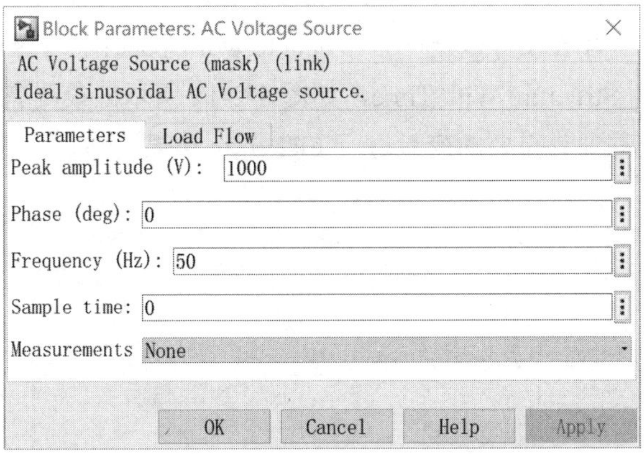

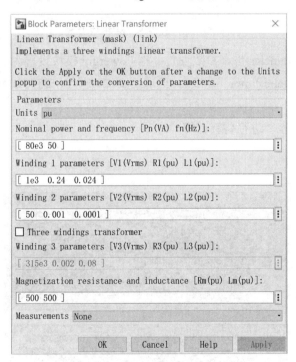

图 5-2-10 AC Voltage Source 模块参数设置

图 5-2-11 Linear Transformer（线性变压器）模块参数设置

假定绕组 1 的内阻为 $R_1 = 3\Omega$，电阻标幺值按下式计算：

$$R(\text{p.u.}) = \frac{R_1}{R_{\text{base}}} = \frac{3\Omega}{\dfrac{1000}{80}\Omega} = 0.24 \quad (5\text{-}2\text{-}3)$$

假定绕组 1 的电感为 $L_1 = 3\text{H}$，电阻标幺值按下式计算：

$$L(\text{p.u.}) = \frac{L_1}{X_{\text{base}}} = \frac{0.3\text{H}}{\dfrac{1000}{80}\Omega} = 0.024 \qquad (5\text{-}2\text{-}4)$$

（3）Scope（示波器）参数设置：在 Powergui 模块中进行 FFT 分析。在 Scope（示波器）参数 Parameters 中，单击 Logging→Save data to workspace；将 Variable name 设置为 I_S。将 Save format 设置为 Structure With Time，如图 5-2-12 所示。设置完毕，在 Powergui 模块的变量列表中就可以看到对需要的变量进行 FFT 分析结果。

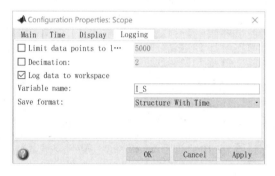

图 5-2-12　设置 Scope 模块参数

（4）Simulink Parameter 仿真参数设置：把 Powergui 模块设置为 Continuous（连续的）模式，Start time：0，end time：100e-3，选取"ode23tb（Stiff/TR-BDF2）"，其他参数均为默认值。

（5）运行仿真程序，进行仿真计算。

五、参考波形

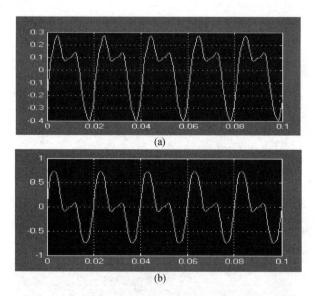

图 5-2-13　变压器原边绕组波形、副边绕组波波形图

第 6 章 电力系统分析建模与仿真实验

实验一 简单支路潮流分布实验

一、实验目的

（1）熟悉在 MATLAB/Simulink 环境下建立电力系统分析模型的方法。
（2）熟悉当电力系统潮流分布变化发生时对电力系统的影响。
（3）学会根据电力系统潮流分布的结果，分析各节点的特点。
（4）掌握简单网络结构的潮流分布实验操作方法。

二、实验原理

潮流计算是指对电力系统的功率在各支路的分布、各支路的功率损耗、各节点的电压以及各支路的电压损耗进行计算。由于电力系统的传输线路可以用等值电路来模拟，因此，从本质上说，电力系统的潮流计算首先是根据各个节点的输入功率求解电力系统各节点的电压，当各节点的电压相量已知时，就很容易计算出各支路的功率损耗和功率分布。对电力线路阻抗中的功率损耗，可以用流入电力线路阻抗支路始端的单相功率及始端的相电压，求出电力线路阻抗中一相功率损耗的有功功率和无功功率分量；也可以用流出电力线路阻抗支路末端的单相功率及末端的相电压，求出电力线路阻抗中一相功率损耗的有功功率和无功功率分量。在如图 6-1-1 所示的简单支路电力系统等效电路中，支路的两个节点电压分别为 U_S 和 U_1，支路阻抗 $Z_{S1} = 2\Omega$，负载为 RLC 并联负载。该负载的 $P = 200\text{W}$、$Q_L = 400\text{Var}$、$Q_C = 800\text{Var}$，由节点功率方程可计算出从节点 S 流向节点 1 的复功率，即

$$S_{S1} = U_S I_{S1}^* = U_S \left(\frac{U_S - U_1}{Z_{S1}} \right) \tag{6-1-1}$$

从节点 1 流向节点 S 的复功率为

$$S_{1S} = U_1 I_{1S}^* = U_1 \left(\frac{U_1 - U_S}{Z_{S1}} \right) \tag{6-1-2}$$

功率损耗为

$$\Delta S = S_{S1} + S_{1S} = y_{S1} \Delta U_{S1}^2 \tag{6-1-3}$$

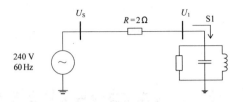

图 6-1-1　简单支路电力系统等效电路

三、实验内容与要求

根据图 6-1-1 所示简单支路电力系统等效电路图，在 MATLAB/Simulink 环境下选择相应的元件，建立 Simulink 仿真模型，如图 6-1-2 所示。然后，运行程序并观察在 0～0.1s 时刻复功率 S_{S1} 的波形图，记录其数值，最后分析运行结果。

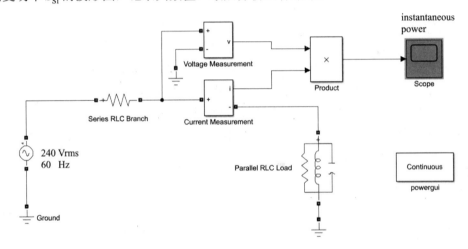

图 6-1-2　Simulink 仿真模型

要求：

（1）建立 Simulink 仿真模型，进行参数设置。

（2）获取以下波形并记录数据。

① 获取复功率 S_{S1} 的波形图并记录其数值。

② 获取母线 1 的电压波形图并记录其数值。

③ 获取母线 1 的电流波形图并记录其数值。

（3）分析实验仿真波形及数值，验证所得数值是否与理论值相符。

（4）根据仿真结果求功率损耗 ΔS，并说明原因。

四、主要模块的参数设置

（1）Powergui 模块：Powergui 模块的调用如图 6-1-3 所示。

（2）Controlled Voltage Source（可控电压源）模块：电源电压为 240V，频率为 60Hz，该模块的参数设置对话框如图 6-1-4 所示。

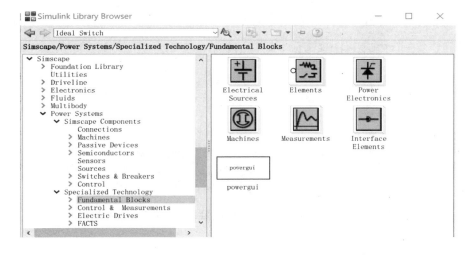

图 6-1-3　Powergui 模块的调用

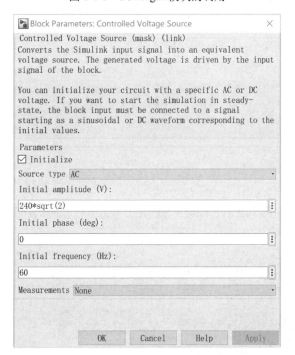

图 6-1-4　Controlled Voltage Source 模块的参数设置对话框

（3）Series RLC Branch（串联 RLC 分支）模块：该模块的参数设置对话框如图 6-1-5 所示。

（4）Parallel RLC Load（并联 RLC 负载）模块：该模块的参数设置对话框如图 6-1-6 所示。

（5）Current Measurement（电流测量）、Voltage Measurement（电压测量）模块：电流测量模块的参数设置对话框如图 6-1-7（a）所示，电压测量模块的参数设置对话框如图 6-1-7（b）所示。

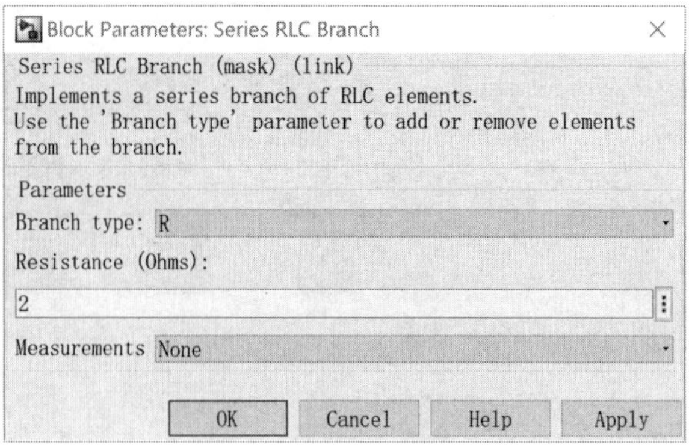

图 6-1-5　Series RLC Branch（串联 RLC 分支）模块的参数设置对话框

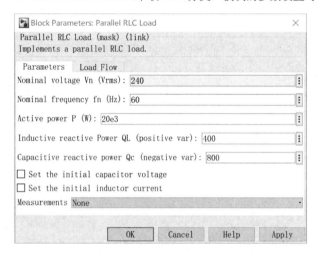

图 6-1-6　Parallel RLC Load（并联 RLC 负载）模块的参数设置对话框

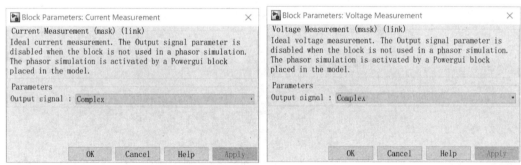

（a）Current Measurement（电流测量）模块　　（b）Voltage Measurement（电压测量）模块

图 6-1-7　Current Measurement、Voltage Measurement 模块的参数设置对话框

（6）Scope（示波器）模块：该模块的调用如图 6-1-8 所示。

（7）Ground（接地）模块：该模块的调用如图 6-1-9 所示。

（8）Product（乘法）模块：该模块的调用如图 6-1-10（a）所示，其参数设置对话框如图 6-1-10（b）所示。

第 6 章 电力系统分析建模与仿真实验

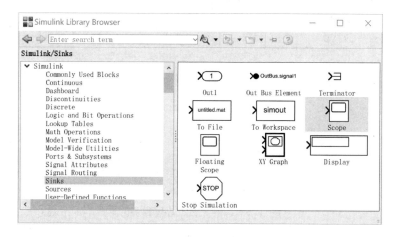

图 6-1-8　Scope 模块的调用

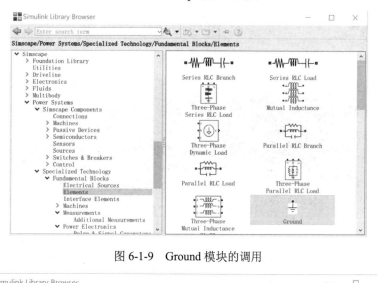

图 6-1-9　Ground 模块的调用

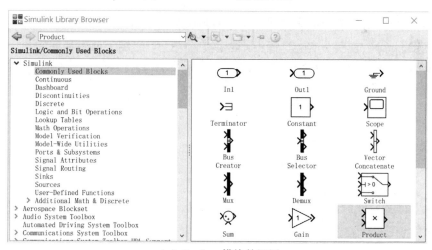

（a）Product 模块的调用

图 6-1-10　Product 模块调用和参数设置对话框

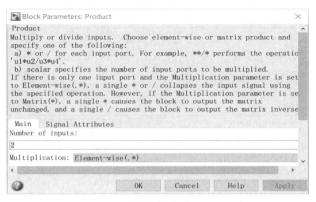

(b) Product 模块的参数设置对话框

图 6-1-10　Product 模块调用和参数设置对话框（续）

五、参考波形

本实验复功率 S_{S1} 的波形图如图 6-1-11 所示。

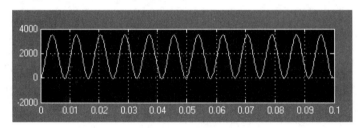

图 6-1-11　复功率 S_{S1} 的波形图

六、注意事项

实验前应复习对应教材的有关章节，了解实验目的、内容、方法与步骤，明确实验过程中应注意的问题。在整个实验过程中，必须集中精力，及时并认真做好实验记录。

实验二　电力系统暂态实验

一、实验目的

（1）通过实验加深对电力系统暂态稳定部分内容的理解，将理论与实践相结合，提高对电力系统暂态过程的认识。

（2）通过实际操作，观察电力系统暂态响应发生时的现象，熟悉相应的处理措施。

（3）建立 MATLAB/Simulink 电力系统等效 π 模型电路，观察仿真波形图并进行分析。

二、实验原理

电力系统的故障中大多数是输电线路（特别是架空线路）的"瞬时性故障"，除此之外，还有"永久性故障"。通常在电力系统中采用自动重合闸，使技术经济效果较好，其优点归纳如下：

（1）能够提高供电可靠性。

（2）能够提高电力系统并列运行的稳定性。

（3）对继电保护误动作而引起的误跳闸，也能够起到纠正作用。

当发生瞬时性故障时，微机保护装置切断故障线路后，经过一定时间延时自动重合闸将自动重合原线路，从而恢复全相供电，提高了故障排除后的功率特性。同样，也可以通过操作台上的短路按钮组合，选择不同的故障相线路。本实验的电力系统输电线路采用等效 π 模型电路，如图 6-2-1 所示，该电路用一个断路器（Breaker）在 $t = 0.02\text{s}$ 时刻自动合闸模拟重合原线路。当断路器重合原线路后，输电线路上的电流与电压会产生较大的振幅，此时可以观察到线路重合后从暂态响应过渡到稳态的过程。

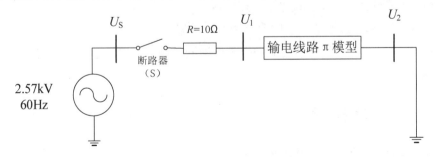

图 6-2-1　电力系统等效 π 模型电路

三、实验内容与要求

图 6-2-1 所示的电力系统等效 π 模型电路的参数如下：输电线路长度为 100km，频率 60Hz，串联电阻的阻值为 0.2568Ω，串联感抗值为 2mH，并联容抗值为 8.6nF。在 MATLAB/Simulink 环境下选择相应的元件，建立基于 Simulink 的电力系统等效 π 模型电路仿真模型，如图 6-2-2 所示。然后运行程序，观察在 $t = 0.02\text{s}$ 断路器闭合后输电线路中的电流与电压的波形图，周期 $T = 0.05\text{s}$，并分析运行结果。

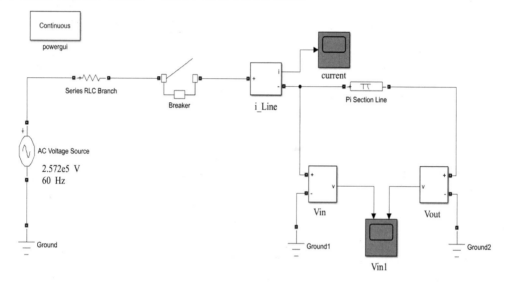

图 6-2-2　基于 Simulink 的电力系统等效 π 模型电路仿真模型

要求：

（1）建立 Simulink 仿真模型，进行参数设置。

（2）实验数据记录与处理。

① 获取电压 U_1 波形图。

② 获取电压 U_2 波形图。

③ 获取输电线路电流 i_Line 的波形图与局部放大波形图。

④ 获取输电线路的复功率 S_{S1} 的波形图与局部放大波形图。

（3）分析仿真波形并获取断路器闭合时出现的最高瞬时突波，记录此时的电压值、电流值以及功率值。

四、主要模块的参数设置

（1）Powergui 模块：调用方法参考本章实验一。

（2）Ac Voltage Source 模块：电源电压为 2.57kV，频率为 60Hz，调用方法参考本章实验一，其参数设置对话框如图 6-2-3 所示。

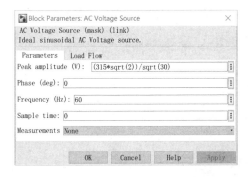

图 6-2-3　AC Voltage Source 模块的参数设置对话框

（3）Series RLC Branch（串联 RLC 分支）模块：参数设置方法参考本章实验一，设置 $R=10\Omega$。

（4）Breaker（断路器）模块：设置其内阻值为 0.001Ω，在 $t=0.02\text{s}$ 时闭合。该模块的调用如图 6-2-4（a）所示，其参数设置对话框如图 6-2-4（b）所示。

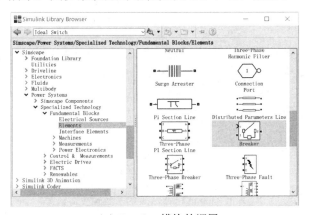

（a）Breaker 模块的调用

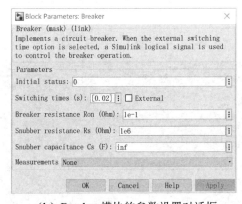

（b）Breaker 模块的参数设置对话框

图 6-2-4　Breaker（断路器）模块调用和参数设置对话框

（5）Pi Section Line（π型电路模块）：该模块的调用如图 6-2-5（a）所示，其参数设置对话框如图 6-2-5（b）所示。

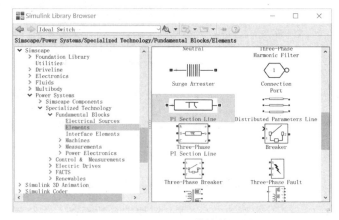

(a) Pi Section Line 模块的调用

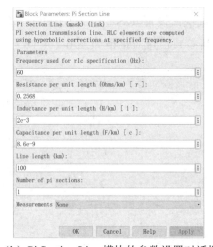

(b) Pi Section Line 模块的参数设置对话框

图 6-2-5　Pi Section Line 模块调用和参数设置对话框

五、参考波形

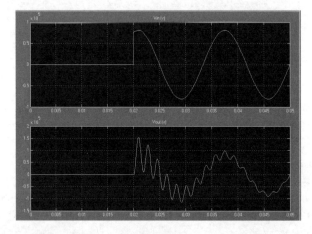

图 6-2-6　U_1（上）与 U_2（下）电压波形图

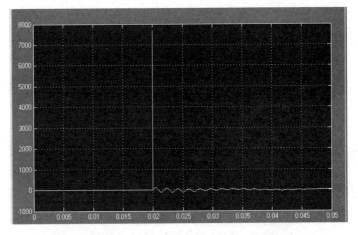

图 6-2-7 输电线路电流 i_Line 的电流波形图

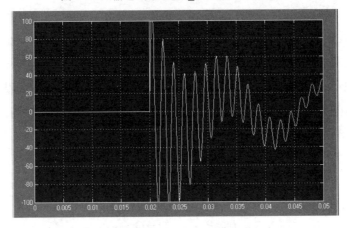

图 6-2-8 输电线路电流 i_Line 的局部放大波形图

六、注意事项

实验前应复习对应教材的有关章节，了解实验目的、内容、方法与步骤，明确实验过程中应注意的问题。在整个实验过程中，必须集中精力，及时并认真做好实验记录。

实验三　动态负载与三相可编程电压源实验

一、实验目的

（1）熟悉通过模拟电源内部电压被调制来模拟功率摆动期间的电压变化。
（2）观察功率摆动期间的正序电压与电流波形并对其进行分析。

二、实验原理

电力系统的动态负载连接在 500kV、60Hz 的电网线路中。该网络通过戴维南等效电路（R-L 阻抗后的电压源）模拟相当于 2000 MV·A 的线路发生三相短路，其等效电路如图 6-3-1 所示。本实验通过电源内部电压被调制来模拟功率摆动期间的电压变化，由于动态负载是一个由电流源模拟的非线性模型，它不能直接与电感网络串联。因此，在电力系统中加入一个小的电阻性负载（1MW）与动态负载并列运行。动态负载功率是受电端正序电压 U_1 的函数。打开动态负载设置窗口，将参数指数 np 和 nq 设置为 1，最小电压 $V_{\min}$ 设置为 0.7（p.u.）。负载有功功率 P 和无功功率 Q 按照以下公式计算：

当 $V > V_{\min}$ 时，

$$P = P_0 \frac{V}{V_0} ; \quad Q = Q_0 \frac{V}{V_0} \tag{6-3-1}$$

当 $V < V_{\min}$ 时，

$$P = P_0 \left(\frac{V}{V_0}\right)^2 ; \quad Q = Q_0 \left(\frac{V}{V_0}\right)^2 \tag{6-3-2}$$

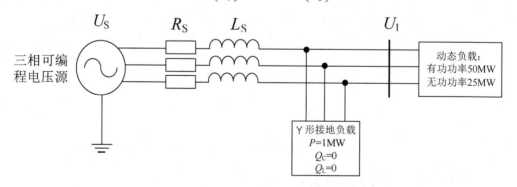

图 6-3-1　电力系统的动态负载等效电路

三、实验内容与要求

在 MATLAB/Simulink 环境下选择相应的元件，建立 Simulink 仿真模型，如图 6-3-2 所示。

（一）初始化动态负载

本实验在稳定状态下进行，必须指定与所需要的 P_0 和 Q_0 值相对应的正确初始电压 V_0 值（幅值和相位）。使用"负载流"实用程序查找此电压值并初始化动态负载，打开 Powergui 模块并选择"负载流和机器初始化"。设置动态负载的有功功率和无功功率值（50MW，25MVar）：有功功率 $P = 50 \times 10^6$，无功功率 $Q = 25 \times 10^6$，按下"更新潮流"按钮。潮流求解后，AB 相和 BC 相的电压相量以及流入 A 相和 B 相的电流都会更新。相位中性点负载电压 U_{an} 显示 "0.9844 p.u.-1.41 度"。此时，打开"动态加载"参数设置对话框，会看到 P_0、Q_0 和 V_0 的值都已更新。

（二）模拟电压波动

在稳定状态下开始模拟，当 $t = 0.2s$ 时，电压调制启动，P 和 Q 值开始增大，波形在示波器 Scope 2 上显示。当 n_p 和 n_q 参数设置为 1 时，负载电流（在示波器 Scope 3 上显示）保持恒定。当电压低于 0.7p.u.时，负载表现为恒定阻抗，负载电流遵循电压变化规律，同时在示波器 Scope 2 上观察电压和电流的变化。需要注意的是，Scope 3 上显示的 P、Q 值与动态负载测量输出返回的 P 和 Q 内部信号是相同的。

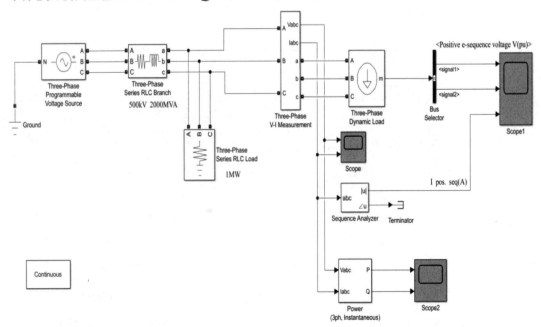

图 6-3-2 电力系统动态负载等效电路仿真模型图

要求：

（1）建立 Simulink 仿真模型，进行参数设置。

（2）获取负载电压、有功功率、无功功率和电流波形图并记录其数值。

（3）当动态负载所需的有功功率和无功功率分别改为 50MW 与 25MVar 时，获取有功功率 P 与无功功率 Q 的输出波形图并对其进行分析。

四、主要模块的参数设置

（1）Three-Phase Programmable Voltage Source（三相可编程电压源）模块：该模块的调用如图 6-3-3（a）所示，其参数设置对话框如图 6-3-3（b）所示。

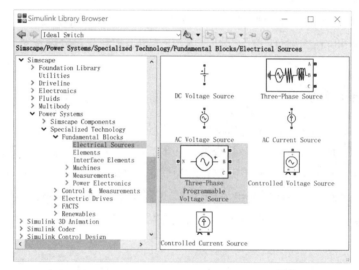

（a）Three-Phase Programmable Voltage Source 模块调用

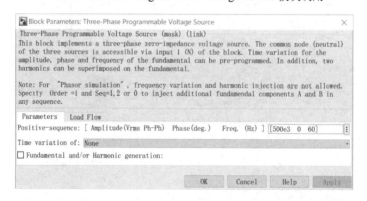

（b）Three-Phase Programmable Voltage Source 模块的参数设置对话框

图 6-3-3 Three-Phase Programmable Voltage Source 模块调用和参数设置对话框

（2）Three-Phase Series RLC Load（三相串联 RLC 负载）模块：负载功率为 1MW，该模块的参数设置对话框如图 6-3-4 所示。

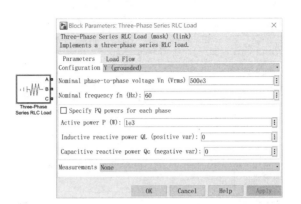

图 6-3-4　Three-Phase Series RLC Load 模块的参数设置对话框

（3）Three-Phase Series RLC Branch（三相串联 RLC 分支）模块：该模块的参数设置对话框如图 6-3-5 所示。

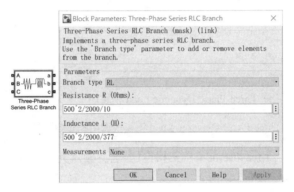

图 6-3-5　Three-Phase Series RLC Branch 模块的参数设置对话框

（4）Three-Phase Dynamic Load（模块动态负载）模块：该模块调用如图 6-3-6（a）所示，其参数设置对话框如图 6-3-6（b）所示。

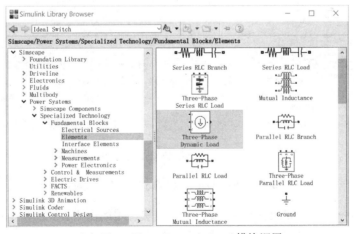

（a）Three-Phase Dynamic Load 模块调用

图 6-3-6　Three-Phase Dynamic Load 该模块调用和参数设置对话框

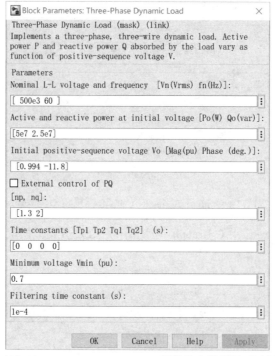

(b) Three-Phase Dynamic Load 模块的参数设置对话框

图 6-3-6 Three-Phase Dynamic Load 该模块调用和参数设置对话框（续）

（5）Three-Prase V-I Measurement（三相电压-电流测量元件）模块：该模块的参数设置对话框如图 6-3-7 所示。

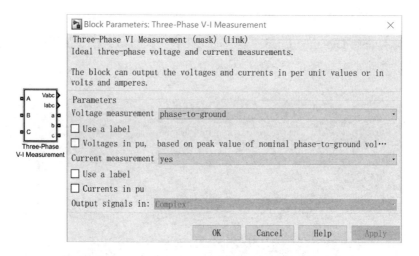

图 6-3-7 Three-Phase Dynamic Load 模块的参数设置对话框

（6）Bus Selector（总线选择器）模块：该模块调用如图 6-3-8（a）所示，其参数设置对话框如图 6-3-8（b）所示。

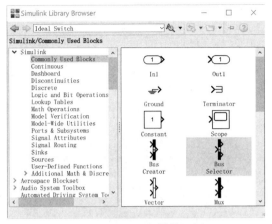

(a) Bus Selector 模块调用

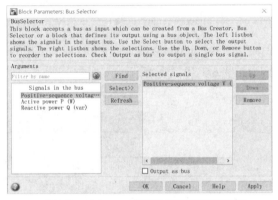

(b) Bus Selector 模块的参数设置对话框

图 6-3-8 Bus Selector 模块调用和参数设置对话框

(7) Three-phase Sequence Analyzer（三相序列分析器）模块：模块调用方法如图 6-3-9（a）所示，其参数设置对话框如图 6-3-9（b）所示。

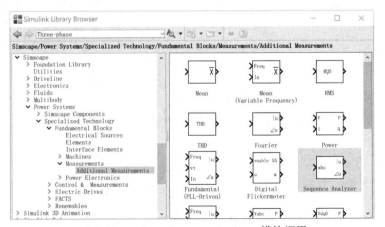

(a) Three-phase Sequence Analyzer 模块调用

图 6-3-9 Three-phase Sequence Analyzer 模块调用和参数设置对话框

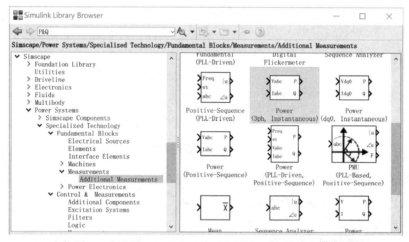

（b）Three-phase Sequence Analyzer 模块的参数设置对话框

图 6-3-9　Three-phase Sequence Analyzer 模块调用和参数设置对话框（续）

（8）Three-phase Instantaneous Active & Reactive Power（三相瞬时有功功率和无功功率计算器）模块：该模块调用如图 6-3-10（a）所示，其参数设置对话框如图 6-3-10（b）所示。

（a）Three-phase Instantaneous Active&Reactive Power 模块调用

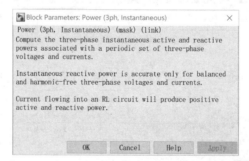

（b）Three-phase Instantaneous Active & Reactive Power 模块参数设置对话框

图 6-3-10　Three-phase Instantaneous Active&Reactive Power
（三相瞬时有功功率和无功功率计算器）模块调用和参数设置对话框

五、参考波形

负载电压、有功功率和无功功率、电流波形图如图 6-3-11 所示。

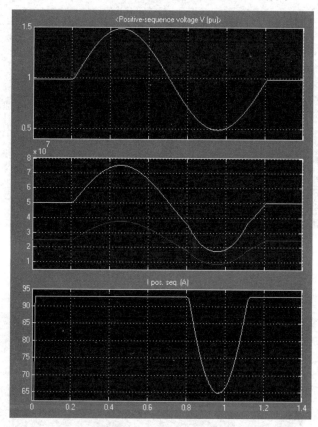

图 6-3-11　负载电压、有功功率和无功功率、电流波形图

瞬时电压变化与局部波形图如图 6-3-12 所示，瞬时电流变化与局部波形图如图 6-3-13 所示。

图 6-3-12　瞬时电压变化与局部波形图

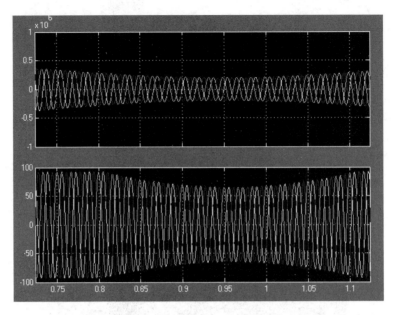

图 6-3-13　瞬时电流变化与局部波形图

动态测量输出的有功功率（P）和无功功率（Q）波形图如图 6-3-14 所示。

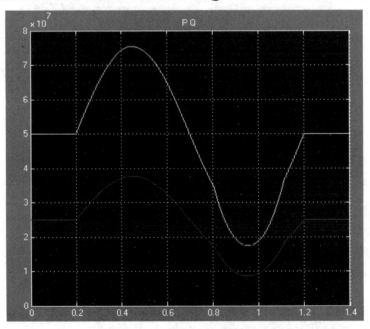

图 6-3-14　动态测量输出的有功功率（P）和无功功率（Q）波形图

六、注意事项

实验前应复习对应教材的有关章节，了解实验目的、内容、方法与步骤，明确实验过程中应注意的问题。在整个实验过程中，必须集中精力，及时并认真做好实验记录。

实验四 静止无功功率补偿器的仿真实验

一、实验目的

（1）熟悉在 MATLAB/Simulink 环境下建立静止无功功率补偿器的电力系统仿真模型的方法。

（2）熟悉静止无功功率补偿器对电力系统电压的影响。

（3）熟悉建立 Simulink 子模块的方法。

二、实验原理

电网中的无功功率主要来自输电线路中的负载，是输电线路建立电场和磁场时需要的电功率，它不对外做功，但是在日常生活中正是由于无功功率的存在才会使很多的负载能够正常运行。电力系统输送的总功率为有功功率和无功功率的和，因此，当输电线路的输送功率为定值时，输电线路输送的无功功率越小，输送的有功功率就越大。另外，有功功率会在电阻上做功而产生电压降，无功功率在输电线路上经过感性或容性负载时产生的无功电流也会导致输电线路电压发生变动。电力系统中的无功平衡方程表达式为

$$Q_s = Q_f + Q_L - Q_c \tag{6-4-1}$$

$$I_h = I_{Lh} + I_{fh} + I_{ch} \tag{6-4-2}$$

式中，Q_s 为总的电力系统无功功率，Q_L 为补偿电抗向电力系统提供的感性无功功率，Q_f 为电力系统中负载的无功功率，Q_c 为电容器组提供的容性无功功率，I_h 为谐波电流。

电容器组提供的固定容性无功功率，通过负载无功功率的变化来调节改变感性无功功率，使容性无功功率和感性无功功率相抵消，使电力系统总无功功率 Q_s 等于常数（理想状态下无限接近 0）。这样，就会使电网功率因数无限接近 1，电力系统的电压就会维持在一个稳定的数值。由于非线性负荷超出了电网电源所能够提供的无功量，因此需要在电力系统中投入无功功率补偿装置，即通过静止无功功率补偿器（SVC）对电网进行无功功率补偿。

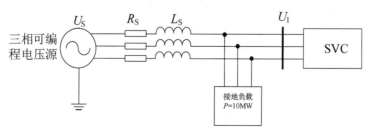

图 6-4-1 具有 SVC 的电力系统等效电路

静止无功功率补偿器是一种没有旋转部件，具有快速、平滑可控特点的动态无功功率补偿装置，它将可控电抗器和电力电容器（固定或分组投切）并联使用。电容器可发出无功功率（容性），可控电抗器可吸收无功功率（感性）。通过对可控电抗器进行调节，使整个装置可以平滑地从发出无功功率改变成吸收无功功率（或反向进行），并且响应快速。

三、实验内容与要求

在 MATLAB/Simulink 环境下选择相应的元件，建立电路仿真模型，如图 6-4-2 所示。需要注意的是，本实验需要建立 Simulink 子模块。

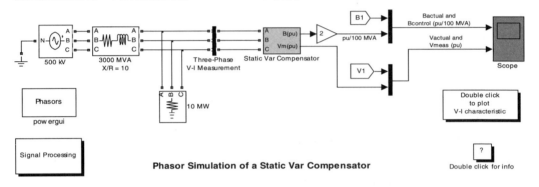

图 6-4-2　电路仿真模型

本实验使用的静止无功功率补偿器用于调节额定电压为 500kV、容量为 3000MV·A 的电力系统母线电压，具有 SVC 的电力系统等效电路如图 6-4-1 所示。当电力系统电压较低时，SVC 产生无功功率（SVC 呈容性），使母线电压提升至 1.0 p.u.；当电力系统电压较高时，SVC 吸收无功功率（SVC 呈现感性），使母线电压降低至 1.0 p.u.。SVC 的额定无功功率为 +200 MVar 电容和 -100 MVar 电感（无功功率的上下限），静止无功功率补偿器模块是一个相量模型，表示 SVC 在系统基频下的静态和动态特性。打开 SVC 模块菜单并查看其参数，把 SVC 设置为电压调节模式，参考电压 $V_{ref}=1.0$ p.u.，电压降为 0.03 p.u./200MV·A，当 SVC 中的电流从完全电容性变为完全电感性时，电压从 0.97 p.u. 升高至 1.015 p.u.。SVC 响应速度取决于电压调节器积分增益 K_i（比例增益 K_p 设置为零）、电抗 X_n 和电抗 X_s。如果忽略由于阀门点火引起的电压测量时间常数 T_m 和平均时间延迟 T_D，那么该电力系统可以用一阶系统来近似。

系统闭环时间常数表达式：

$$T_c = \frac{1}{K_i(X_n + X_s)} \qquad (6-4-3)$$

给定系统参数（$K_i=300$，$X_n=0.0667$p.u./200MV·A，$X_s=0.03$p.u./200MV·A），$T_c=0.0345$s。

如果增加调节器增益或降低系统强度，T_m 和 T_d 将不能忽略。此时，会观察到一个振荡响应。

要求：

（1）完成 Simulink 电路仿真模型的建立与参数设置后，采用三相可编程电压源改变系统电压，观察 SVC 的性能。最初，三相可编程电压源产生的标称电压经历降低（t=0.1s 时为 0.97p.u.）、升高（t=0.4s 时为 1.03p.u.），最后恢复到标称电压（t=0.7s 时为 1p.u.）。运行仿真程序，观察 SVC 对电压阶跃的动态响应。轨迹 1 显示电压调节器的实际正序电纳 B1 和控制信号输出 B，轨迹 2 显示 SVC 测量系统的实际正序电压 V_1 和输出电压 V_m。

（2）获取 Scope 波形图并记录实验数据。

（3）为了测量 SVC 的稳态 V-I 特性，需要对三相可编程电压源电压的缓慢变化进行编程。打开该可编程电压源菜单，将"Type of Variation"（变化类型）参数选项更改为"Modulation"（调制），然后设置调制参数，应将正序电压设置为 0.75～1.25 p.u.，正弦变化时间为 20s 内。在"Simulation→Simulation Parameters"（模拟→模拟数）菜单中，将"停止时间"更改为 20s 并重新运行仿真程序。

四、主要模块的参数设置

（1）Three-Phase Programmable Voltage Source 模块的参数设置参考本章实验三。

（2）Three-Phase Series RLC Branch（三相串联 RLC 分支）模块的参数设置对话框如图 6-4-3 所示。

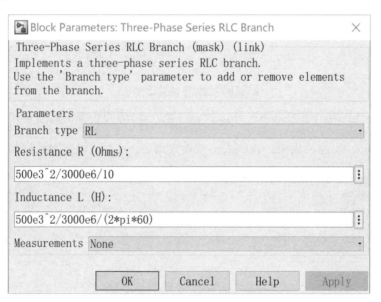

图 6-4-3　Three-Phase Series RLC Branch 模块参数设置对话框

（3）对 Static Var Compensator（Phasor Type）SVC 模块，需要选择电压调节模式如图 6-4-4（a）所示，其参数设置对话框如图 6-4-4（b）所示。

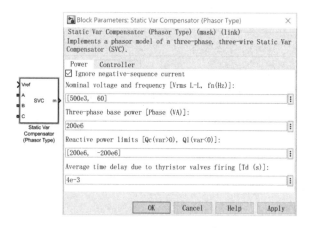

（a）选择电压调节模式

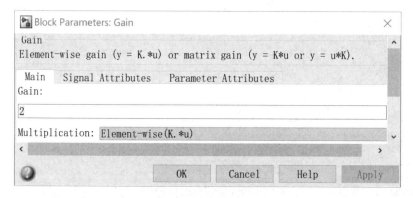

（b）参数设置对话框

图 6-4-4　Static Var Compensator（Phasor Type）SVC 模块的电压调节模式选择和参数设置

（4）对 Gain（增益）模块，其放大倍数设置为 2，其参数设置对话框如图 6-4-5 所示。

图 6-4-5　Gain 模块参数设置对话框

（5）From 模块：对 Goto Tag 选择正序电纳 B1，该模块的调用如图 6-4-6 所示。

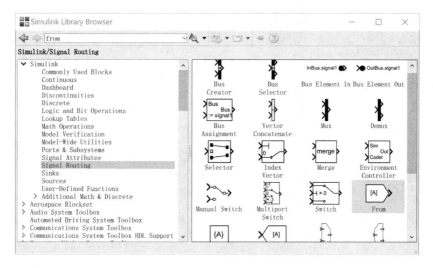

图 6-4-6　From 模块的调用

（6）Three-Phase Series RLC Load（三相串联 RLC 负载）模块：负荷功率为 10MW，该模块参数设置对话框如图 6-4-7 所示。

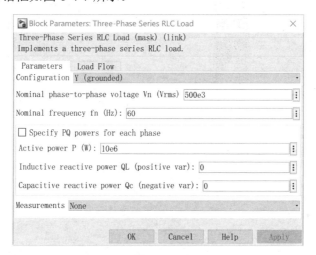

图 6-4-7　Three-Phase Series RLC Load 模块参数设置对话框

（7）Subsystem（子系统）模块：建立子系统模块，实际的 SVC 正序电压（V_1）和电纳（B_1）是在"信号处理"子系统模块中根据三相电压 V_{abc} 以及三相电流 I_{abc} 计算的。该模块的调用如图 6-4-8 所示，建立的子系统模块内部结构如图 6-4-9 所示。

子系统模块各元件的参数设置

① Gain（增益）模块中的放大倍数设置为 pi/180。

② Three-phase Sequence Analyzer（三相序列分析器）模块的参数设置方法参考本章实验三。

③ Trigonometric Function（三角函数 sin）模块的调用如图 6-4-10（a）所示，其参数设置对话框如图 6-4-10（b）所示。

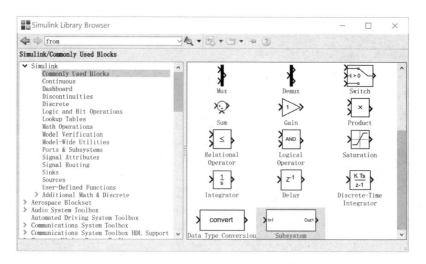

图 6-4-8　Subsystem 模块的调用

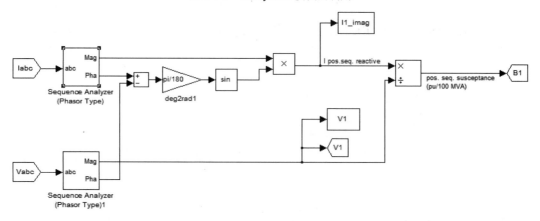

图 6-4-9　建立的子系统模块内部结构

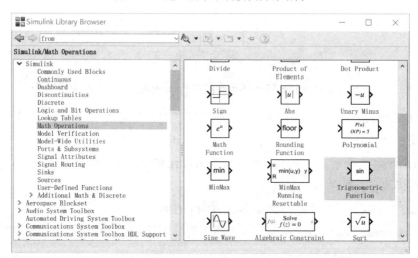

（a）Trigonometric Function 模块调用

图 6-4-10　Trigonometric Function 模块的调用和参数设置对话框

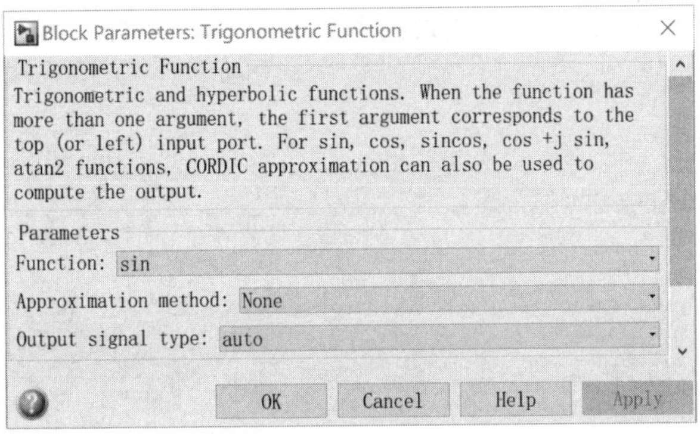

（b）Trigonometric Function 模块参数设置对话框

图 6-4-10　Trigonometric Function 模块的调用和参数设置对话框（续）

④ Product（乘法）模块的参数设置对话框如图 6-4-11 所示。

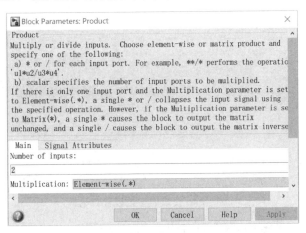

图 6-4-11　Product（乘法）模块的参数设置对话框

⑤ Divide（乘/除）模块的参数设置对话框如图 6-4-12 所示。

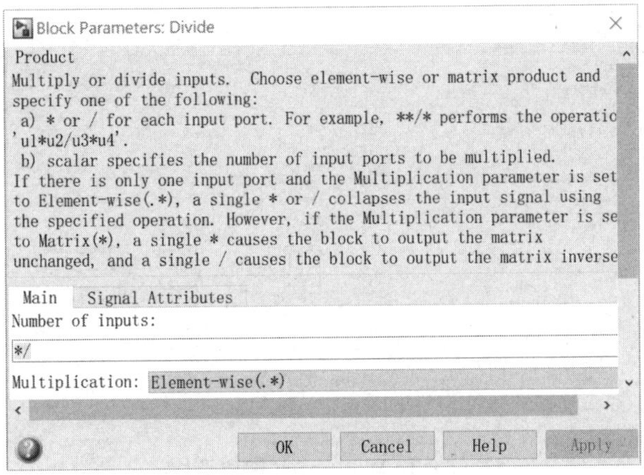

图 6-4-12　Divide 模块的参数设置对话框

⑥ Goto 模块：至 V1 信号，该模块的调用如图 6-4-13（a）所示，其参数设置对话框如图 6-4-13（b）所示。

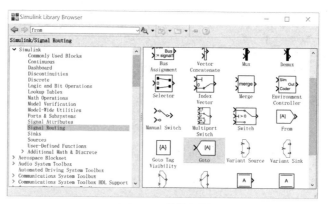

（a）Goto 模块调用

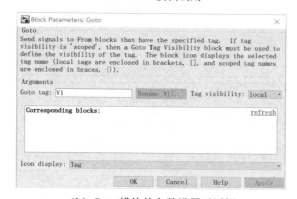

（b）Goto 模块的参数设置对话框

图 6-4-13 Goto 模块的调用和参数设置对话框

⑦ To Workspace 模块：V1 信号传送至 Workspace，该模块的调用如图 6-4-14（a）所示，其参数设置对话框如图 6-4-14（b）所示。

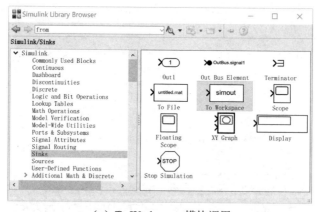

（a）To Workspace 模块调用

图 6-4-14 To Workspace 模块参数设置

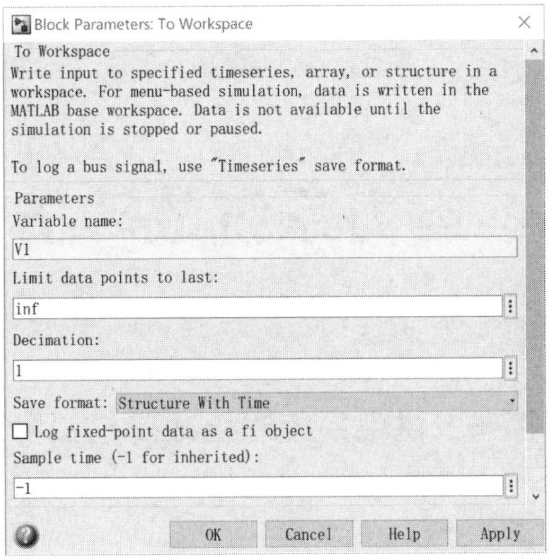

（b）To Workspace 模块的参数设置对话框

图 6-4-14　To Workspace 模块参数设置（续）

五、参考波形

运行结果波形图如图 6-4-15 所示。

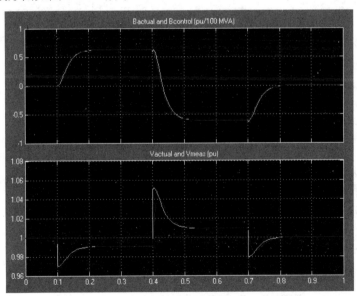

图 6-4-15　运行结果波形图

六、注意事项

实验前应复习对应教材的有关章节，了解实验目的、内容、方法与步骤，明确实验过程中应注意的问题。在整个实验过程中，必须集中精力，及时并认真做好实验记录。

第7章 电力系统故障仿真实验

实验一 供电系统短路故障仿真分析

一、实验目的

（1）熟悉供电系统单相接地短路故障仿真模型的建立与仿真分析。
（2）熟悉无穷大功率电源供电系统三相短路仿真模型的建立与仿真分析。

二、实验原理

短路是电力技术方面的基本故障之一。在发电厂、变电站以及整个电力系统的设计和运行工作中，都必须进行短路计算和仿真分析，以此作为合理选择电气接线方式、选用有足够热稳定度和动稳定度的电气设备及载流导体、确定限制短路电流的措施、在电力系统中合理地配置各种继电保护并整定其参数的重要依据。

假定供电电源的电压幅值和频率均为恒定值，这种电源称为无穷大功率电源。实际上，真正的无穷大功率电源是不存在的，它只是一个相对概念，通常以供电电源的内阻抗与短路回路总阻抗的相对大小来判断其是否为无穷大功率电源。如果供电电源的内阻抗小于短路回路总阻抗的10%，就可以认为该供电电源为无穷大功率电源。此时，外电路发生短路对供电电源的影响很小，可以认为供电电源的电压幅值和频率均保持恒定。

三、实验内容与要求

（一）单相接地短路故障仿真

供电系统的原理示意如图7-1-1所示，供电系统母线单相接地短路故障仿真模型如图7-1-2所示。假定供电点电压 U_{in} 表示相-相电压有效值，其值为735kV且保持恒定，当空载运行时发生A相接地短路故障。

要求：

利用三相相序分析模块，分析以下物理量：

（1）获取 A 相发生接地短路故障后的正序、负序、零序分量。
（2）获取 A 相发生接地短路故障后的 A、B 和 C 三相电压的波形。
（3）获取 A 相发生接地短路故障后的 A、B 和 C 三相电流的波形。

图 7-1-1　供电系统的原理示意

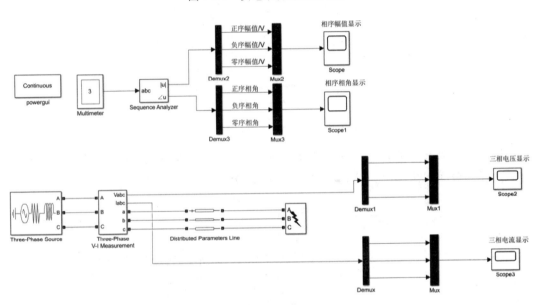

图 7-1-2　供电系统母线单相接地短路故障仿真模型

1. 主要模块的参数设置

1）Three-Phase Source（三相电源）模块

该模块的调用如图 7-1-3 所示。

该模块的主要参数设置如下。

（1）Phase angle of phase A：假设 A 相角为 0°，B、C 相角依次相差 120°和 240°。

（2）Internal connection：选择 Y$_g$ 接线方式。

（3）3-phase short-circuit level at base voltage：三相感应短路功率 P_{SC}（V·A）。在已知电压基准值 V_{base} 时，可通过计算电源内部电感而得到 P_{SC}，即

$$L = \frac{V_{base}^2}{2\pi f \times P_{SC}} \tag{7-1-1}$$

式中，f 为电源频率（Hz）。

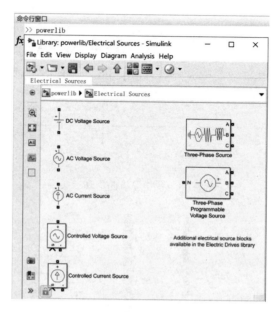

图 7-1-3　调用 Three-Phase Source 模块

（4）X/R ratio（X/R 比率）：该参数在电源额定频率下反应电源内部阻抗的功率因素。电源内阻 $R(\Omega)$ 可以借助 X/R 比率、电源感抗 $X(\Omega)$ 计算获得，即

$$R=\frac{X}{\dfrac{X}{R}}=\frac{2\pi fL}{\dfrac{X}{R}} \tag{7-1-2}$$

联立式（7-1-1）和式（7-1-2），可以获得电源内阻 $R(\Omega)$ 的计算式，即

$$R=\frac{2\pi fL}{\dfrac{X}{R}}=\frac{2\pi fV_{\text{base}}^2}{2\pi f\times P_{\text{SC}}\times\dfrac{X}{R}}=\frac{V_{\text{base}}^2}{P_{\text{SC}}\times\dfrac{X}{R}} \tag{7-1-3}$$

Three-Phase Source 模块的参数设置对话框如图 7-1-4 所示。

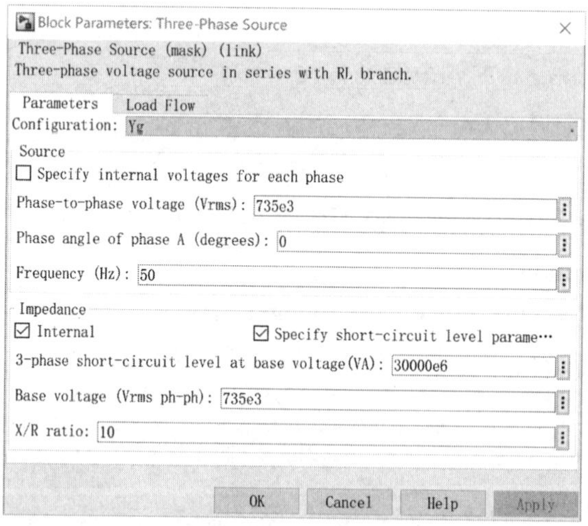

图 7-1-4　Three-Phase Source 模块的参数设置对话框

2）Three-Phase V-I Measurement 模块的参数设置对话框如图 7-1-5 所示。

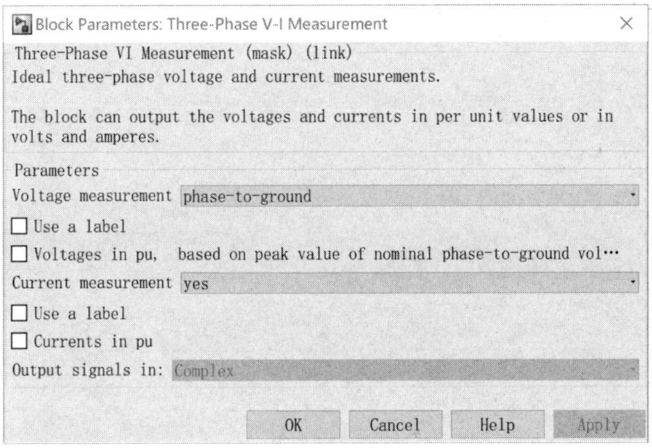

图 7-1-5　Three-Phase V-I Measurement 模块的参数设置对话框

（1）Voltage measurement：本实验选择测试 phase-to-ground（相-地）电压。相-地电压标幺值的计算式为

$$V_{abc}(\text{p.u.}) = \frac{V_{相-地}(\text{V})}{V_{base}(\text{V})} \tag{7-1-4}$$

式中，电压基准值 V_{base} 按式（7-1-5）计算

$$V_{base}(\text{V}) = \frac{V_{额定}(\text{V})}{\sqrt{3}} \times \sqrt{2} \tag{7-1-5}$$

式中，额定电压 $V_{额定}$ 表示相-相电压有效值。

相-相电压标幺值的计算式为

$$V_{abc}(\text{p.u.}) = \frac{V_{相-相}(\text{V})}{V_{base}(\text{V})} \tag{7-1-6}$$

式中，电压基准值 V_{base} 按式（7-1-7）计算：

$$V_{base}(\text{V}) = V_{额定}(\text{V}) \times \sqrt{2} \tag{7-1-7}$$

式中，额定电压 $V_{额定}$ 表示相-相电压有效值。

（2）Current measurement：本实验需要测试电流。电流标幺值的计算式为

$$I_{abc}(\text{p.u.}) = \frac{I_{abc}(\text{A})}{I_{base}(\text{A})} \tag{7-1-8}$$

式中，电流基准值 I_{base} 的计算式为

$$I_{base}(\text{V}) = \frac{P_{base}(\text{VA})}{V_{额定}(\text{V})} \times \frac{\sqrt{2}}{\sqrt{3}} \tag{7-1-9}$$

式中，额定电压 $V_{额定}$ 和功率基准值 P_{base} 均要输入 Three-Phase V-I Measurement 模块的参数对话框中。

3）Distributed Parameter Line（分布参数线路）模块

该模块参数设置对话框如图 7-1-6 所示，其主要参数设置见表 7-1-1。

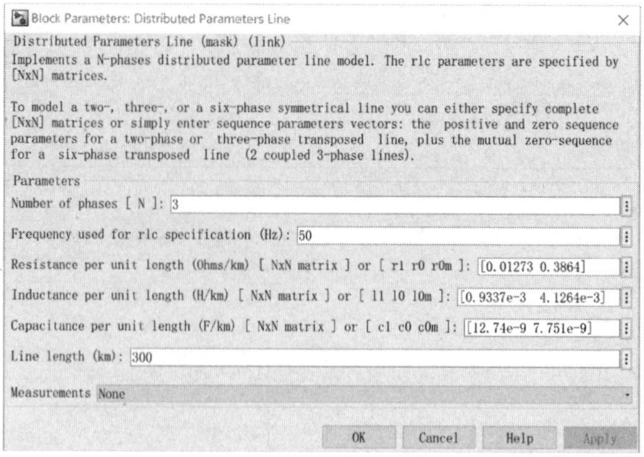

图 7-1-6　Distributed Parameter Line 模块的参数设置对话框

表 7-1-1　Distributed Parameter Line 模块的主要参数设置

序号	参数名称	各参数取值
1	Number of phases [N]相数/个数	3
2	Frequency used for RLC specifications（Hz）RLC 频率（Hz）	50
3	Resistance per unit length（ohm/km）单位长度电阻（Ω/km）	[0.01273 0.3864]
4	Inductance per unit length（H/km）单位长度电感（H/km）	[0.9337e-3 4.1264e-3]
5	Capacitance per unit length（F/km）单位长度电容（F/km）	[12.74e-9 7.751e-9]
6	Line length（km）线路长度（km）	300（根据不同线路长度取值）

4）Three-Phase Fault（三相故障）模块

该模块的参数设置对话框如图 7-1-7 所示，其主要参数设置见表 7-1-2。

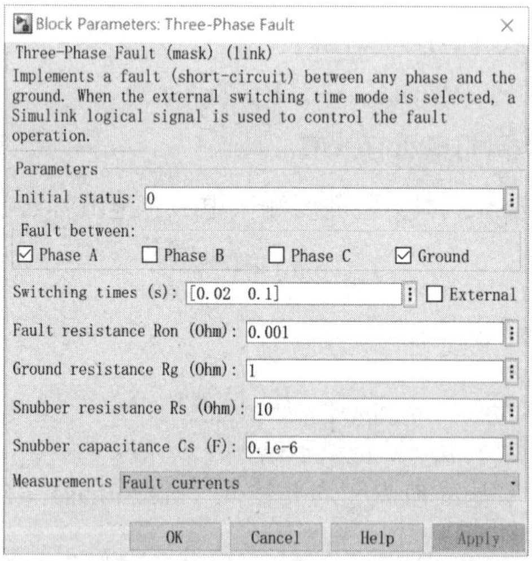

图 7-1-7　Three-Phase Fault 模块的参数设置对话框

表 7-1-2　Three-Phase Fault 模块的主要参数设置

序号	参数名称	各参数取值
1	Initial status	0（开路）
2	Fault 复选框	Phase A 和 Ground A 相接地短路故障功能被激活
3	Fault resistances Ron（ohm）故障电阻/Ω	0.001
4	Ground resistance Rg（ohm）大地电阻/Ω	1
5	Snubber resistance Rs（ohm）吸收电阻/Ω	10
6	Snubber capacitance Cs（F）吸收电容/F	0.1e-6
7	Switching times（s）控制模式选择	内部控制，短路故障时间为 0.02～0.1s
8	Measurement 测试量	Fault currents，测试三相电流

5）Multimeter 模块的参数设置

参数设置对话框如图 7-1-8 所示。

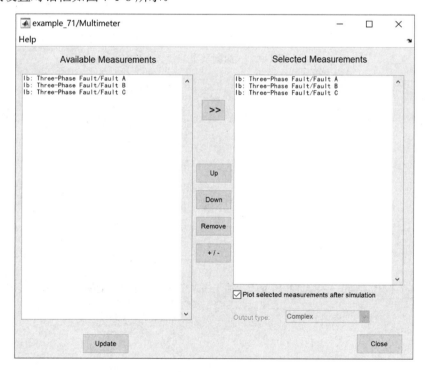

图 7-1-8　Multimeter 模块的参数设置对话框

6）仿真结果

（1）设置仿真时间的起点（Start time）和终点（End time），把 Start time 设置为 0，把 End time 设置为 100e-3，选取"ode23tb（Stiff/TR-BDF2）"。

（2）单击仿真快捷键图标，运行仿真程序。

（3）观察仿真波形。

2. 参考波形

本实验参考波形图如图 7-1-9～图 7-1-13 所示。

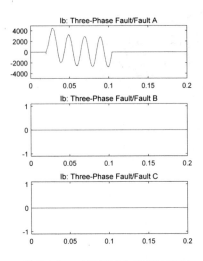

图 7-1-9 三相测试电流值波形图

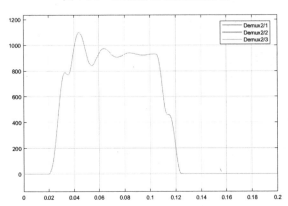

图 7-1-10 A 相发生接地短路故障后的正序、负序、零序分量的幅值（V）波形图

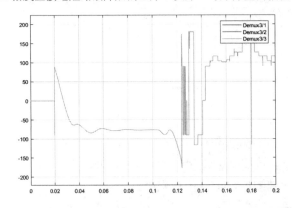

图 7-1-11 A 相发生接地短路故障后的正序、负序、零序分量的相角（°）波形图

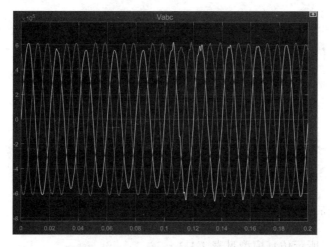

图 7-1-12　A 相发生接地短路故障后的 A、B 和 C 三相电压波形

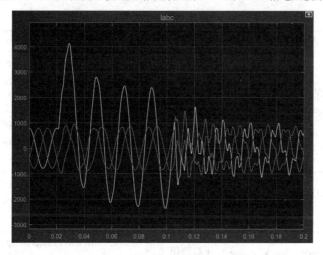

图 7-1-13　A 相发生接地短路故障后的 A、B 和 C 三相电流波形

（二）无穷大功率电源供电系统三相短路仿真模型

无穷大功率电源供电系统示意如图 7-1-14 所示，按要求搭建该系统仿真模型，模型如图 7-1-15 所示。假设在 $t=0.03\mathrm{s}$ 时刻，变压器 T 低压侧母线发生三相短路故障，通过仿真分析短路电流周期分量幅值和冲击电流的大小。供电点电压为 110kV，变压器 T 参数如下：额定容量 $S_\mathrm{N}=20\mathrm{MV \cdot A}$，短路电压百分比 $U_\mathrm{s}\%=10.5$，短路损耗 $\Delta P_\mathrm{s}=135\mathrm{kW}$，$\Delta P_0=22\mathrm{kW}$，空载电流百分比 $I_0\%=0.8$，电压比 $k_\mathrm{T}=110/11$，高低压绕组均为丫形连接；线路参数如下：$L=50\mathrm{km}$，$r_1=0.17\Omega/\mathrm{km}$（单位长度 R_L 值），$x_1=0.4/\mathrm{km}$（单位长度 X_L 值）。

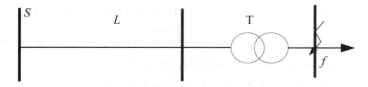

图 7-1-14　所示无穷大功率电源供电系统示意

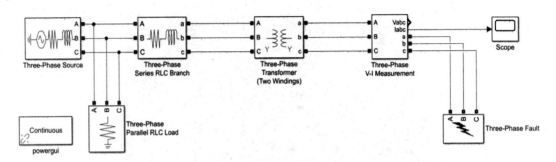

图 7-1-15　无穷大电源供电系统仿真模型

1. 主要模块的参数设置

（1）图 7-1-15 所示仿真模型见表 7-1-3。

表 7-1-3　图 7-1-15 所示仿真模型中各模块名称及提取路径

模块名称	提取路径
Three-Phase Source（无穷大功率电源模块）（10000MV·A，110kV）	Simscape/SimPowersystems/Specialized Technology/FundamentalBlocks/Electrical Sources
Three-Phase Parallel RLC Load（三相并联 RLC 负荷）（5MW）	Simscape/SimPowersystems/Specialized Technology/FundamentalBlocks/Elements
Three-Phase Series RLC Branch（串联 RLC 负荷）模块	Simscape/SimPowersystems/Specialized Technology/FundamentalBlocks/Elements
Three-Phase Transformer (Two Windings)（双绕组变压器）模块	Simscape/SimPowersystems/Specialized Technology/FundamentalBlocks/Elements
Three-Phase Fault（三相故障）模块	Simscape/SimPowersystems/Specialized Technology/FundamentalBlocks/Elements
Three-Phase V-I Measurement（三相电压电流测量）模块	Simscape/SimPowersystems/Specialized Technology/FundamentalBlocks/Measurements
Scope（示波器）模块	Simmulink/Sinks
Powergui（电力系统图形用户界面）模块	Simscape/SimPowersystems/Specialized Technology/FundamentalBlocks/Powergui

（2）Three-Phase Source 模块的参数设置对话框如图 7-1-16 所示。

（3）Three-Phase Parallel RLC Load 模块的参数设置对话框如图 7-1-17 所示。

图 7-1-16　Three-Phase Source 模块的参数设置对话框

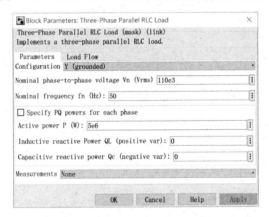

图 7-1-17　Three-Phase Parallel RLC Load 模块的参数设置对话框

（4）Three-Phase Series RLC Branch 模块的输电线路参数计算如下，其参数设置对话框如图 7-1-18 所示。

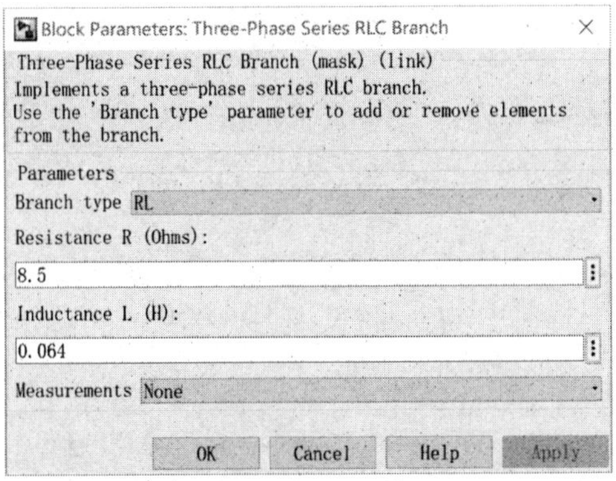

图 7-1-18　Three-Phase Parallel RLC Branch 模块的参数设置对话框

$$R_L = r_1 \times l = 0.17 \times 50\Omega = 8.5\Omega$$

$$X_L = x_1 \times l = 0.4 \times 50\Omega = 20\Omega$$

$$L_L = \frac{X_L}{2\pi f} = \frac{20}{2 \times 3.14 \times 50} = 0.064\text{H}$$

（5）Three-Phase Transformer（Two Windings）模块：设定三相变压器参数时，需要计算 110kV 侧数值；模块参数采用标幺值，需要计算一次绕组、二次绕组漏感和电阻的标幺值，以额定功率和一次侧、二次侧各自的额定线电压为基准值；对励磁电阻和励磁电感，以额定功率和一次侧额定线电压为基准值。该三相变压器的参数计算如下，其相关参数设置对话框如图 7-1-19 所示。

相变压器的电阻为

$$R_T = \frac{\Delta P_s U_N^2}{S_N^2} \times 10^3 = \frac{135 \times 110^2}{20000^2} \times 10^3 \Omega = 4.08\Omega$$

相变压器的电抗为

$$X_T = \frac{U_s\%}{100} \times \frac{U_N^2}{S_N} \times 10^3 = \frac{10.5 \times 110^2}{100 \times 20000} \times 10^3 \Omega = 63.53\Omega$$

相变压器的漏感为

$$L_T = X_T / (2\pi f) = \frac{63.53}{2 \times 3.14 \times 50} \text{H} = 0.202\text{H}$$

相变压器的励磁电抗为

$$X_m = \frac{100 U_N^2}{I_0\% S_N} \times 10^3 = \frac{100 \times 110^2}{0.8 \times 20000} \times 10^3 \Omega = 75625\Omega$$

相变压器的励磁电感为

$$L_m = \frac{X_m}{2\pi f} = \frac{75625}{2 \times 3.14 \times 50} \text{H} = 240.8\text{H}$$

三相变压器一次侧的基准值为

$$R_{1 \cdot \text{base}} = \frac{U_{1N}^2}{S_N} = \frac{(110)^2}{20} \Omega = 605\Omega$$

$$L_{1 \cdot \text{base}} = \frac{U_{1N}^2}{S_N \times 2\pi f} = \frac{(110)^2}{20 \times 2 \times 3.14 \times 50} \text{H} = 1.927\text{H}$$

三相变压器二次侧的基准值为

$$R_{2 \cdot \text{base}} = \frac{U_{2N}^2}{S_N} = \frac{(11)^2}{20} \Omega = 6.05\Omega$$

$$L_{2 \cdot \text{base}} = \frac{U_{1N}^2}{S_N \times 2\pi f} = \frac{(11)^2}{20 \times 2 \times 3.14 \times 50} \text{H} = 0.01927\text{H}$$

因此，三相变压器一次绕组的电阻和漏感的标幺值分别为

$$R_{1*} = \frac{0.5 \times R_T}{R_{1 \cdot \text{base}}} = \frac{0.5 \times 4.08}{605} = 0.0033$$

$$L_{1*} = \frac{0.5 \times L_T}{L_{1\cdot base}} = \frac{0.5 \times 0.202}{1.927} = 0.052$$

经计算，三相变压器二次绕组的电阻和漏感的标幺值，以及励磁电阻和电抗的标幺值如下：

$$R_{2*} = 0.0033, \quad L_{2*} = 0.052$$
$$R_{m*} = 909.09, \quad L_{m*} = 106.3$$

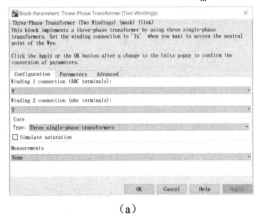
（a）

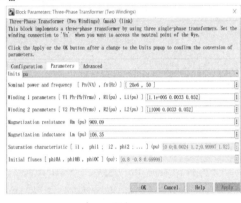
（b）

图 7-1-19　三相变压器模块的相关参数设置对话框

（6）Three-Phase Fault（三相故障）模块的参数设置对话框如图 7-1-20 所示。

图 7-1-20　三相故障模块的参数设置对话框

（7）Three-Phase V-I Measurement（三相电压电流测量）模块的参数设置对话框如图 7-1-21 所示。

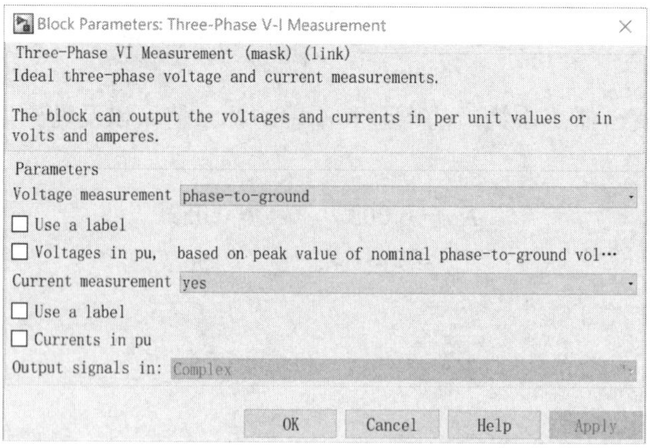

图 7-1-21　Three-Phase V-I Measurement 模块的参数设置对话框

2. 仿真结果

（1）对仿真时间的起点（Start time）和终点（End time）分别进行设置，把 Start time 设置为 0，把 End time 设置为 0.2s，选取 "ode23tb（Stiff/TR-BDF2）"。在三相故障模块中设置在 t=0.03s 变压器低压母线发生三相短路故障。

（2）单击仿真快捷键图标，运行仿真程序。

（3）观察仿真波形。

（4）在命令窗口显示 A 相、B 相、C 相电流的数据。

例如：

```
>>>> ScopeData.signals.values(; , 1)
```

（5）验证本模型电力系统参数，计算变压器低压母线发生三相短路故障时的短路电流周期分量的幅值和短路冲击电流，验证计算结果与仿真结果是否相符。可参考如下计算式。

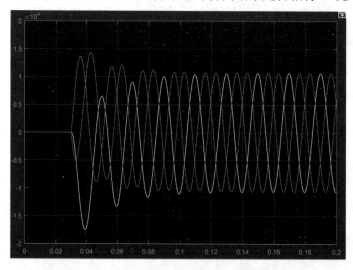

图 7-1-22　变压器低压侧三相短路三相电流波形图

短路电流周期分量的幅值：

$$I_\mathrm{m} = \frac{U_\mathrm{m} k_\mathrm{T}}{\sqrt{(R_\mathrm{T}+R_\mathrm{L})^2+(X_\mathrm{T}+X_\mathrm{L})^2}}$$

时间常数 T_a：

$$T_\mathrm{a} = \frac{(L_\mathrm{T}+L_\mathrm{L})}{R_\mathrm{T}+R_\mathrm{L}}$$

短路冲击电流：

$$i_\mathrm{im} \approx \left(1 + \mathrm{e}^{\frac{-0.01}{T_\mathrm{a}}}\right) I_\mathrm{m}$$

四、思考题

（1）选取两个不同时刻的故障发生点观察仿真波形。

（2）分析供电系统发生其他类型故障时的仿真结果。

实验二 Machine 模块库的建模与仿真

一、实验目的

（1）熟悉 Machine（电机）模块库、Asynchronous Machine（异步电机）模块库和 Synchronous Machine（同步电机）模块库。

（2）能够调用 Asynchronous Machine（异步电机）模块库、Synchronous Machine（同步电机）模块库中的模块搭建模型，进行仿真。

二、实验原理

（1）Machine（电机）模块库的调用方法。

方法一：单击 MATLAB 工具条上的 Simulink Library 的快捷键图标，弹出"Open Simulink block library"选项；再单击 Simscape 模块库→SimPowersystems 模块库→Specialized Technology 模块库→Fundamental Blocks 模块库，即可看到 Machines（电机）模块库的图标。最后单击该模块库图标，即可看到该模块库中的 18 种模块，如图 7-2-1 所示。

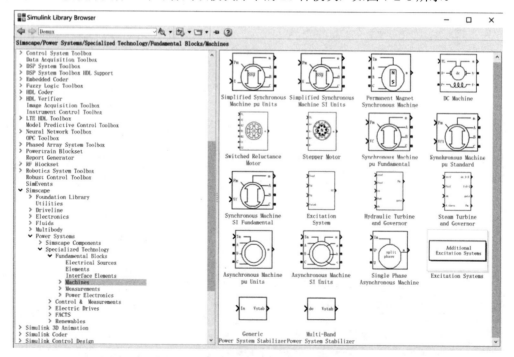

图 7-2-1 Machines（电机）模块库中的 18 种模块图标（方法一）

方法二：在 MATLAB 命令窗口中输入"powerlib"，按 Enter 键，即可打开 SimPowerSystems 的模块库。在该模块库中可看到 Machines（电机）模块库中的图标，如图 7-2-2 所示。

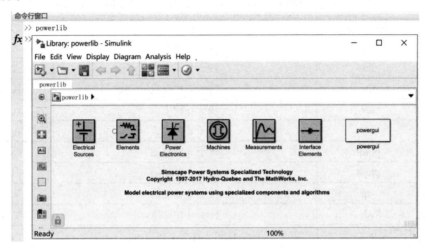

图 7-2-2　Machines（电机）模块库的图标（方法二）

（2）Asynchronous Machine（异步电机）模块库。需要注意的是，在构建异步电机模块库时，涉及两个部分，即电气部分和机械部分。对前者，可以用一个四阶状态模型表示；对后者，可以用二阶模型表示。

（3）Asynchronous Machine pu units 模块的参数设置：主要对 Configuration（电机结构参数）和 Parameters（电磁参数）进行设置。

（4）Asynchronous Machine SI units 模块的参数设置：主要对 Configuration（电机结构参数）、Parameters（电磁参数）进行设置。

（5）Asynchronous Machine（异步电机）模块库：需要对其输入/输出参数进行设置，各参数名称和意义见表 7-2-1。

表 7-2-1　Asynchronous Machine 模块库的输入/输出参数名称和意义

序号	参数名称	各参数意义
1	T_m	Asynchronous Machine（异步电机）模块库的仿真输入量是加在机械轴上的机械转矩。当输入量是正的仿真信号时，异步电机就表现为电动机；当输入量是负的仿真信号时，异步电机就表现为发电机
2	m	Asynchronous Machine（异步电机）模块库的仿真输出量，提供了包含 28 个信号的测量相量。这些测量相量包括转子电压、电流和磁通，定子电压、电流和磁通、转速、电磁转矩、转子角速度等。可以用 Simulink 库中提供的 Bus Selector 模块分解这些信号
3	A、B、C	Asynchronous Machine（异步电机）模块库的定子终端
4	a、b、c	Asynchronous Machine（异步电机）模块库的转子终端

Asynchronous Machine（异步电机）模块库的仿真输出量包含 28 个信号的测量相量，见表 7-2-2。

表 7-2-2 Asynchronous Machine（异步电机）模块库的仿真输出量

序号	参数名称	含义	单位
1	iar	转子 a 相电流	A or p.u.
2	ibr	转子 b 相电流	A or p.u.
3	icr	转子 c 相电流	A or p.u.
4	iqr	转子 q 轴电流	A or p.u.
5	idr	转子 d 轴电流	A or p.u.
6	phiqr	转子 q 轴磁通	V.s or p.u.
7	phidr	转子 d 轴磁通	V.s or p.u.
8	vqr	转子 q 轴电压	V or p.u.
9	vdr	转子 d 轴电压	V or p.u.
10	iar2	鼠笼 2 转子 a 相电流	A or p.u.
11	ibr2	鼠笼 2 转子 b 相电流	A or p.u.
12	icr2	鼠笼 2 转子 c 相电流	A or p.u.
13	iqr2	鼠笼 2 转子 q 轴电流	A or p.u.
14	idr2	鼠笼 2 转子 d 轴电流	A or p.u.
15	phiqr2	鼠笼 2 转子 q 轴磁通	V.s or p.u.
16	phidr2	鼠笼 2 转子 d 轴磁通	V.s or p.u.
17	ias	定子 a 相电流	A or p.u.
18	ibs	定子 b 相电流	A or p.u.
19	ics	定子 c 相电流	A or p.u.
20	iqs	定子 q 轴电流	A or p.u.
21	ids	定子 d 轴电流	A or p.u.
22	phiqs	定子 q 轴磁通	V.s or p.u.
23	phids	定子 d 轴磁通	V.s or p.u.
24	vqs	定子 q 轴电压	V or p.u.
25	vds	定子 d 轴电压	V or p.u.
26	ω	转子转速	rad/s
27	Te	电磁转矩	N·m or p.u.
28	theta	转子角	rad

三、实验内容

搭建 Asynchronous Machine SI units 模块仿真模型，如图 7-2-3 所示。该异步电机的额定参数如下：额定功率为 3HP（1HP=735W）、输入线-线电压有效值为 220V，频率为 50Hz。

定子的电阻 $R_S = 0.435\Omega$，定子的电感 $L_S = 2\text{mH}$，转子的电阻 $R_r = 0.816\Omega$，转子的电感 $L_r = 2\text{mH}$，互感 $L_m = 69.31\text{mH}$，转子的转动惯量 $J = 0.089\text{kg} \cdot \text{m}^2$。

要求：

（1）获取转子 a 相的电流波形。

（2）获取定子 A 相的电流波形。

（3）获取转子转速的波形。

（4）获取电磁转矩的波形。

（5）计算异步电机的一相的基准值、标幺值。

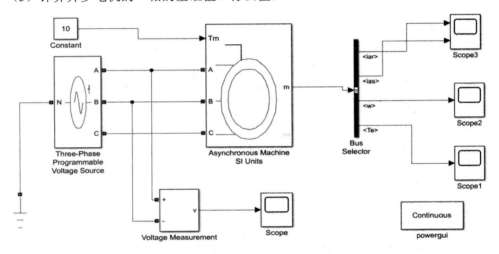

图 7-2-3　Asynchronous Machine SI units 模块仿真模型

四、主要模块的参数设置

（1）Asynchronous Machine SI units 模块：单击 powerlib，在 Machines 模块库中搜索，参数如下：额定功率为 3 HP、额定电压为 220V、频率为 50 Hz。该模块的 Configuration 参数和 Parameters 参数设置对话框如图 7-2-4 所示。

（2）Three-Phase Programmable Voltage Source 模块：单击 powerlib，在 Electrical Sources 模块库中搜索，把 Positive-sequence 设置为[220　0　50]。

（3）Constant 模块：进入 Simulink 环境，在 Sources 模块库中搜索，把 Constant value（常值）设置为 10（机械转矩值）。

（4）Scope 模块：进入 Simulink 环境，在 Sinks 模块库中搜索，复制 4 个 Scope 模块，分别用于显示定子和转子电流的波形、转子转速的波形、电磁转矩的波形、输入线-线电压的波形。

（5）Voltage Measurement 模块：单击 powerlib，在 Measurements 模块库中搜索，获取输入线-线电压。

（6）Ground 模块：单击 powerlib，在 Elements 模块库中搜索。

（7）Powergui 模块：单击 powerlib 设置参数。该模块参数设置对话框如图 7-2-5 所示。

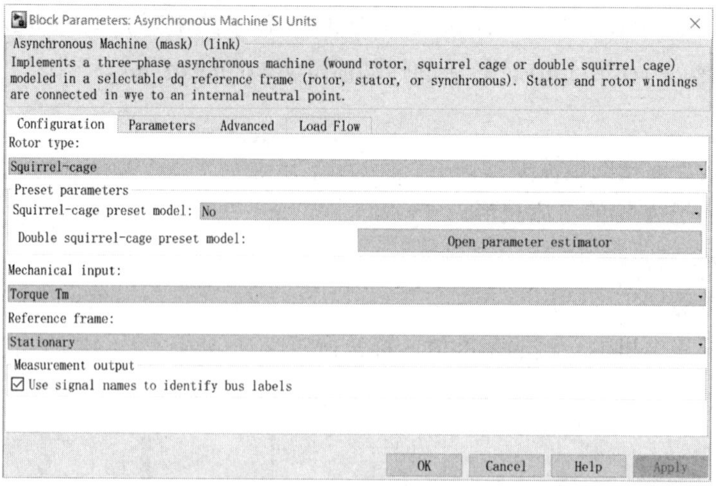

（a）Configuration（电机结构）参数设置对话框

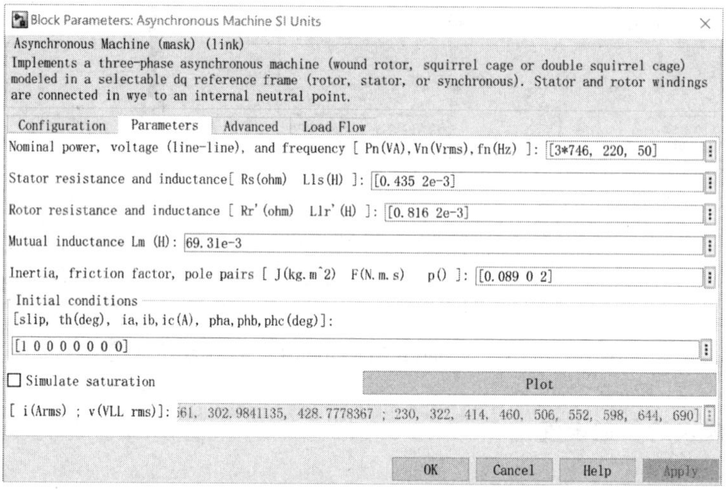

（b）Parameters（电磁）参数设置对话框

图 7-2-4　Asynchronous Machine SI units 模块的两个参数设置对话框

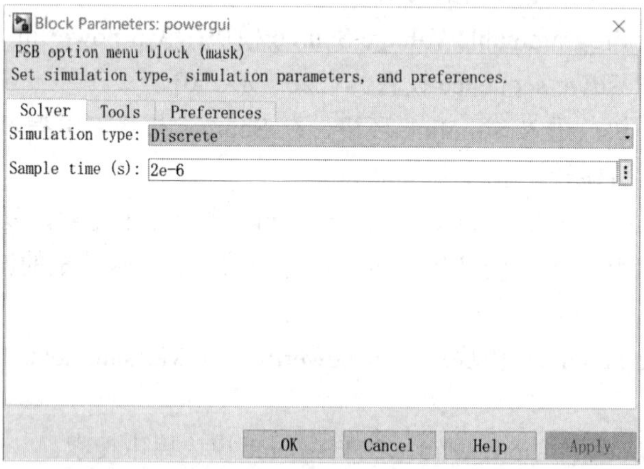

图 7-2-5　Powergui 模块参数设置对话框

（8）BusSelector 模块：进入 Simulink 环境，在 Signal Routing 模块库中搜索，该模块参数设置对话框如图 7-2-6 所示。

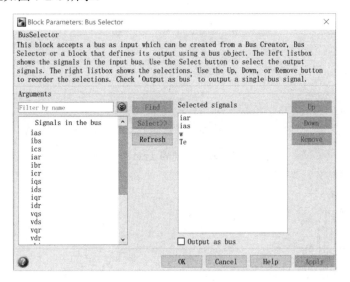

图 7-2-6 BusSelector 模块的参数设置对话框

（9）设置仿真参数。把 Start time 设置为 0，把 End time 设置为 1，选取"ode23tb（Stiff/TR-BDF2）"，其他参数为默认值。

五、参考波形

本实验相关的参考波形如图 7-2-7～图 7-2-9 所示。

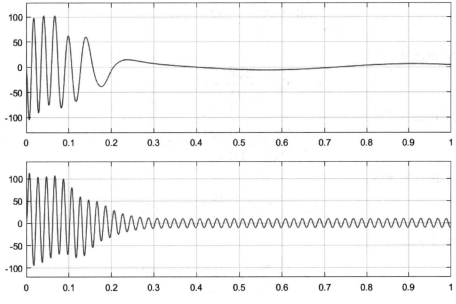

图 7-2-7 转子 a 相电流波形（上）、定子 A 相电流波形（下）

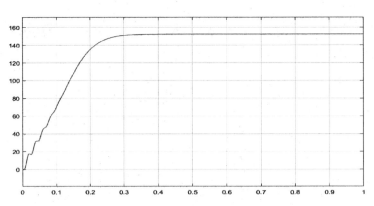

图 7-2-8 转子转速 ω (rad/s) 的波形

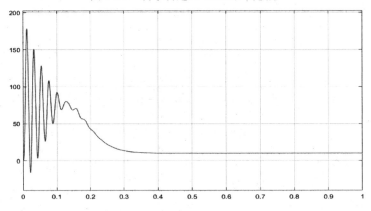

图 7-2-9 电磁转矩 T_e (N·m) 的波形

计算电机一相的基准值如下：

(1) 功率基准值。

$$P_{base} = \frac{3HP \times 476(V \cdot A)}{3} = 746(V \cdot A) / 相$$

(2) 电压基准值。

$$V_{base} = \frac{220V}{\sqrt{3}} = 127V_{rms}$$

(3) 电流基准值。

$$I_{base} = \frac{P_{base}}{V_{base}} = \frac{746V}{127V_{rms}} = 5.874A_{rms}$$

(4) 阻抗基准值。

$$Z_{base} = \frac{V_{base}}{I_{base}} = \frac{127V_{rms}}{5.874A_{rms}} = 21.62\Omega$$

(5) 电阻基准值。

$$R_{base} = \frac{V_{base}}{I_{base}} = \frac{127V_{rms}}{5.874A_{rms}} = 21.62\Omega$$

（6）电感基准值。

$$L_{\text{base}} = \frac{Z_{\text{base}}}{2\pi\omega} = \frac{21.62\Omega}{2\pi \times 50} = 68.82\text{mH}$$

（7）转速基准值。

$$\omega_{\text{base}} = 1800\text{rpm} = \frac{1800 \times 2\pi}{60} = 188.5\text{rad/s}$$

（8）转矩基准值。

$$T_{\text{base}} = \frac{3\text{HP} \times 746}{188.5\text{rad/s}} = 11.87\text{N}\cdot\text{m}$$

计算标幺值：

（1）定子的电阻标幺值。

$$R_s(\text{p.u.}) = 0.435\Omega / 21.62\Omega = 0.0201$$

（2）定子的电感标幺值。

$$L_s(\text{p.u.}) = 2\text{mH} / 68.82\text{mH} = 0.0291$$

（3）转子的电阻标幺值。

$$R_r(\text{p.u.}) = 0.816\Omega / 21.62\Omega = 0.0377$$

（4）转子的电感标幺值。

$$L_r(\text{p.u.}) = 2\text{mH} / 68.82\text{mH} = 0.0291$$

（5）互感标幺值。

$$L_m(\text{p.u.}) = 69.31\text{mH} / 68.82\text{mH} = 1.0071$$

（6）惯性常数 H 用转子转动惯量 J、同步转速和额定功率值计算。

$$H = \frac{J\omega^2}{2P_{\text{nom}}} = \frac{0.089 \times 188.5 \times 188.5}{2 \times 3746} = 0.7065\text{s}$$

实验三　同步电机三相短路暂态过程的数值计算与仿真

一、实验目的

（1）熟悉同步电机三相短路暂态过程的数值计算方法。
（2）熟悉同步电机三相短路暂态过程的仿真分析方法。

二、实验原理

同步电机是电力系统中最重要和最复杂的设备，它由多个具有磁耦合关系的绕组构成，定子绕组与转子绕组之间存在相对运动。因此，同步电机三相短路的暂态过程比稳态对称运行（包括稳态对称短路）过程复杂得多。同步电机稳态对称运行时，电枢磁势的大小不随时间变化而变化，在空间以同步速度旋转，与转子之间没有相对运动，因此不会在转子绕组中产生感应电流。当发生同步电机三相短路时，定子电流在数值上发生急剧变化，电枢反应磁通也会随着变化，并在转子绕组中产生感应电流，这种电流又会反过来影响定子电流的变化。定子绕组和转子绕组电流之间互相影响是同步电机三相短路暂态过程的一个显著特点。

同步电机三相短路暂态过程分析：当同步电机突然发生三相短路时，定子绕组的电流包含基频分量、倍频分量和直流分量。到达稳态后，定子电流起始值中的直流分量和倍频分量将从起始值衰减到零，而基频分量则从起始值衰减到相应的稳态值。同样，在转子绕组中也包含有直流分量和同频率交流分量。

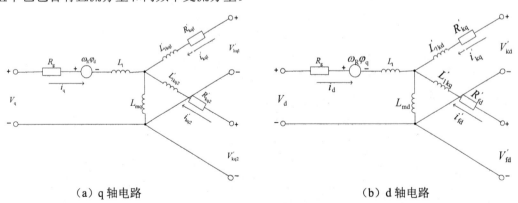

（a）q 轴电路　　　　　　　　　　　　（b）d 轴电路

图 7-3-1　同步电机等效模型图

Simplified Synchronous Machine p.u. Units[同步电机（标幺值单位）简化]模块的参数包括 Configuration（电机结构）参数和 Parameters（电磁）参数。

1. Configuration（电机结构）参数

在 Synchronous Machine（同步电机）模块的参数中，它的 Configuration（电机结构）参数主要有以下几个。

（1）Preset model：预置模型，提供了一组用于各种同步电机的预定电气和机械参数，包括额定功率（kV·A）、额定相-相电压（V）、额定频率（Hz）和额定转速（r/min）。

（2）Mechanical input：机械参数输入量，可供选择的有 Speed w、Mechanical rotational port。

（3）Rotor type：指定转子绕组的形式，可选凸极（salient-pole）或隐极（round）。

2. Synchronous Machine p.u. Fundamental 模块的电磁参数

Synchronous Machine p.u. Fundamental[同步电机（标幺值单位）基本模块]的 Parameters（电磁）参数的含义如下。

（1）Nominal power，line-to-line voltage，frequency field current：分别为额定功率、电压、频率和励磁电流，是指三相总视在功率 P_n（V·A）、输入线-线电压有效值 V_n（V）、频率 f_n（Hz）、磁场电流 i_{fn}（A）；

（2）Stator：定子参数，包括定子电阻 R_s（Ω）、定子漏感 L_{ls}（H）、定子 d 轴励磁电感 L_{md}（H），定子 q 轴励磁电感 L_{mq}（H）。需要注意的是，它们都是标幺值而不是国际单位的参数。

（3）Field：磁场参数，包括磁阻 Rf'（Ω）和漏感 Llfd'（H），它们都是相对于定子折合得到的参数。需要注意的是，它们都是标幺值而不是国际单位的参数。

（4）Dampers：阻尼器参数，包括 d 轴电阻 Rkd'（Ω）、d 轴漏感 Llk q'（H）、q 轴电阻 Rkq1'（Ω）、q 轴漏感 Llkq1'（H）、（只有绕线式电机）q 轴电阻 Rkq2'（Ω）、q 轴漏感 Llkq2'/H，它们都是相对于定子折合得到的参数。需要注意的是，它们都是标幺值而不是国际单位的参数。

（5）Inertia，friction factor，pole pairs：分别为惯性常数 H（s）、摩擦系数 F[=摩擦力矩（标幺值）/转速（标幺值）]、极对数 p，摩擦力矩 T_f 与转子转速 ω 成正比，即

$$T_f = F\omega$$

式中，摩擦系数 F 和转子转速 ω 都是标幺值而不是国际单位的参数。

（6）Intial conditions：用于设置同步电机的初始速度偏差 $\Delta\omega$（相对于额定转速的百分比）、转子电气角度 Θ_e、线电流幅值（i_a，i_b，i_c）、相角（pha，phb，phc）以及初始励磁电压 V_f。根据 Powergui 模块中的负载潮流功能或同步电机的初始条件，计算出上述参数值。需要提醒的是，它们都是标幺值而不是国际单位的参数。在磁通饱和情况下，以额定励磁

电流作为励磁电流的基准值,以额定输入线-线电压有效值作为终端电压的基准值。

3. Synchronous Machine(同步电机)模块的输入/输出量

Synchronous Machine 模块的输入/输出量的单位根据所使用的对话框输入的同步电机模块参数的不同而不同。如果基本参数使用国际单位,那么输入/输出参数的单位也必须使用国际单位(但是这几个变量除外:转速变量 Δω 呈矢量形式,因为它们经常用标幺值,角度 Θ 用 rad 单位),否则,输入/输出量就必须使用标幺值。

Synchronous Machine(同步电机)模块的输入/输出量如下:

(1)P_m:Synchronous Machine(同步电机)模块 Simulink 模型的第一个输入量,被称为电机轴上的机械功率,单位用 W 或者标幺值。当以同步电机 Simulink 模型作为发电机模式时,该输入量可以是一个正的常数或函数或原动机模块的输出量(参考水轮机及其调速器模块或汽轮机及其调速器模块部分);当以同步电机 Simulink 模型作为电动机模式时,该输入量通常是一个负的常数或函数。

(2)V_f:Synchronous Machine(同步电机)模块 Simulink 模型的第二个输入量,被称为励磁电压。该电压可以由工作在发电机模式下的电压调节器提供(参考励磁系统模块部分)。当工作在电动机模式时,该输入量经常作为一个恒定值。

(3)ω:可替代模块的输入参数 P_m(取决于机械输入参数的值)的参数,是电机的转速(rad/s)。

(4)m:Synchronous Machine(同步电机)模块的仿真输出量,包含 24 个信号的测量相量,见表 7-3-1,可以用 Simulink 模块库提供的 Bus Selector 模块分解这些信号。这些测量信号的单位是国际单位或标幺值。

(5)A、B、C:模块的三相输出端子。

表 7-3-1 Synchronous Machine(同步电机)模块的仿真输出量

序号	参数名称	含义	单位
1	ias	定子 a 相电流	A or p.u.
2	ibs	定子 b 相电流	A or p.u.
3	ics	定子 c 相电流	A or p.u.
4	iq	定子 q 轴电流	A or p.u.
5	id	定子 d 轴电流	A or p.u.
6	ifd	励磁电流	A or p.u.
7	ikq	阻尼绕组电流	A or p.u.
8	Ikq2	阻尼绕组电流	A or p.u.
9	ikd	阻尼绕组电流	A or p.u.
10	phimq	q 轴互感磁通	V.s or p.u.
11	phimd	d 轴互感磁通	V.s or p.u.
12	vq	q 轴定子电压	V or p.u.

续表

序号	参数名称	含义	单位
13	vd	d 轴定子电压	V or p.u.
14	lmq	Lmq 饱和电感（q 轴）	H or p.u.
15	lmd	Lmd 饱和电感（d 轴）	H or p.u.
16	dtheta	转子角偏差 d_theta	rad
17	ω	转子转速	rad/s
18	Pe	电功率	V·A or p.u.
19	dω	转子转速偏差	rad/s
20	theta	转子机械角	rad
21	Te	电磁转矩	N·m or p.u.
22	delta	负载角	rad
23	Pe0	输出有功	V·A or p.u.
24	Qe0	输出无功	Var or p.u.

三、实验内容与要求

假设一台有阻尼绕组的同步电机，其参数如下：$P_N = 200\text{MW}$，$U_N = 13.8\text{kV}$，$f_N = 50\text{Hz}$，$x_d = 1.0$，$x_q = 0.6$，$x_d' = 0.30$，$x_d'' = 0.21$，$x_q'' = 0.31$，$r = 0.005$，$x_{\sigma f} = 0.18$，$x_{aD} = 0.1$，$x_{aQ} = 0.25$，$T_{d0}' = 5\text{s}$，$T_D = 2\text{s}$，$T_{q0}'' = 1.4\text{s}$。若电机空载、端电压为额定电压，端子突然发生三相短路且 $\alpha_0 = 0$。

要求：

1. 利用 MATLAB 对突然发生三相短路后的定子电流进行数值计算

（1）首先计算各个衰减时间常数。

$$T_\alpha = 0.16\text{s}, \quad T_q'' = 0.72\text{s}, \quad T_d'' = 0.34\text{s}, \quad T_d' = 1.64\text{s}$$

空载时，

$$E_{q[0]} = E_{q[0]}' = E_{q[0]}'' = V_{[0]} = 1, \quad E_{d0}'' = 0, \quad \alpha_0 = 0$$

可得 A 相定子电流计算式，即

$$i_\alpha = -\cos(\omega t + \alpha_0) - 1.43\text{e}^{-2.97t}\cos(\omega t + \alpha_0) - 2.34\text{e}^{-0.608t}\cos(\omega t + \alpha_0) -$$
$$2.34\text{e}^{-0.608t}\cos(\omega t + \alpha_0) + 4\text{e}^{-6.3t}\cos(-\alpha_0) + 0.77\text{e}^{-6.3t}\cos(2\omega t + \alpha_0)$$

（2）利用 MATLAB 对 A 相定子电流进行数值计算

```
% %*******************************************
N=48;
t1=(0:0.02/N:1.00);
m=size(t1);
```

```
fai=0*pi/180;        %α₀值
%空载短路全电流表达式
   Ia=(cos(2*pi*50*t1+fai)-1.43*exp(-2.97*t1).*cos(2*pi*50*t1+fai)-2.34*ex
p(-0.608*t1).*cos(2*pi*50*t1+fai)+...
4*exp(-6.3*t1).*cos(-fai*pi/180)+0.77*exp(-6.3*t1).*cos(2*2*pi*50*t1+fai));
%基频分量
   Ia1=-cos(2*pi*50*t1+fai)-1.43*exp(-2.97*t1).*cos(2*pi*50*t1+fai)-2.34*e
xp(-0.608*t1).*cos(2*pi*50*t1+fai);
%倍频分量
   Ia2=0.77*exp(-6.3*t1).*cos(2*2*pi*50*t1+fai);
%非周期分量
   Iap=4*exp(-6.3*t1).*cos(-fai*pi/180);
   subplot(4,1,1);              %绘制空载短路全电流波形图
   plot(t1,Ia);
   grid on;
   axis([0 1 -10 10]);
   ylabel('Ia(p.u.)');
   subplot(4,1,2);              %绘制基频分量波形图
   plot(t1,Ia1);
   grid on;
   axis([0 1 -10 10]);
   ylabel('Ia1(p.u.)');
   subplot(4,1,3);              %绘制倍频分量波形图
   plot(t1,Ia2);
   grid on;
   axis([0 1 -1 1]);
   ylabel('Ia2(p.u.)');
   subplot(4,1,4);              %绘制非周期分量波形图
   plot(t1,Iap);
   grid on;
   axis([0 1 -10 10]);
   ylabel('Iap(p.u.)');
   xlabel('t/s');
```

运行以上程序,得到同步电机突然发生三相短路时的A相定子电流波形,以及基频分量、倍频分量和非周期分量的波形,如图7-3-2所示。发生短路后冲击电流标幺值为9.193。

由图7-3-2可知,当同步电机突然发生三相短路时,定子电流中的倍频分量是很小的,在实际计算中常忽略不计。为了波形图显示更加清楚,将其纵坐标的取值设为[-1,1],把波形放大。

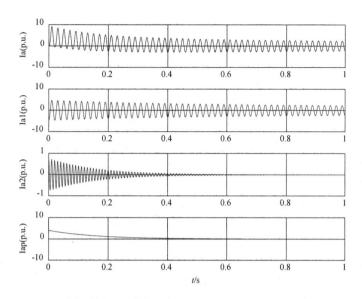

图 7-3-2　同步电机突然发生三相短路时的 A 相定子电流基频分量、倍频分量和非周期分量的波形图

2. 对同步电机突然发生三相短路时的暂态过程仿真

建立同步电机突然发生三相短路的 Simulink 仿真模型，如图 7-3-3 所示，故障发生时刻 $t = 0.02025\text{s}$。

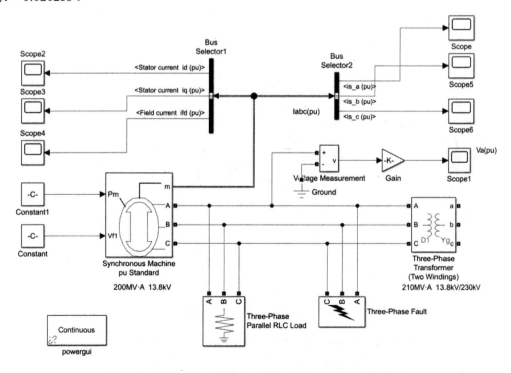

图 7-3-3　同步电机突然发生三相短路的 Simulink 仿真模型

要求：

（1）获取同步电机突然发生三相短路后定子电流的 d 轴和 q 轴分量 i_d 和 i_q，以及励磁电流 i_f 的仿真波形。

（2）获取 A 相定子冲击电流标幺值，分析其与理论值之间的误差。

（3）改变故障模块中的短路类型，可以仿真同步电机发生各种不对称短路时的故障情况。分析在 0.02s 时发生 AB 两相短路故障，获取同步电机端突然发生两相短路后的三相定子电流波形。

四、主要模块的参数设置

（1）Synchronous Machine pu Standard（同步电机模块）的 Configuration 参数和 Parameters 参数设置对话框如图 7-3-4 所示。

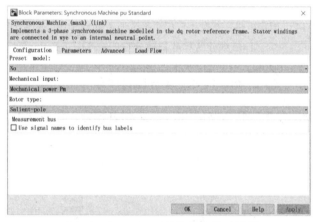

（a）Configuration（结构）参数对话框

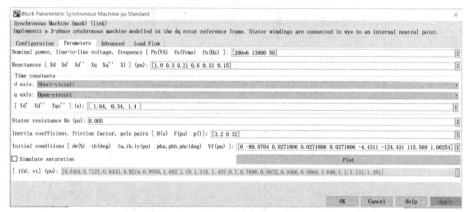

（b）Parameters（电磁）参数对话框

图 7-3-4　Synchronous Machine pu Standard 模块的两个参数设置对话框

（2）Three-Phase Fault 模块的参数设置对话框如图 7-3-5 所示。

（3）对 Gain 模块，设置参数增益 1/[13800/sqrt(3)*sqrt(2)]。

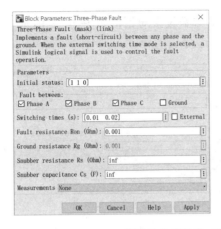

图 7-3-5　Three-Phase Fault 模块的参数设置对话框

（4）对 Constant 模块，设置 Simulink/Sources/Constant value：1.00254。

（5）Three-Phase Transformer (Two Windings)模块的两个参数设置对话框如图 7-3-6 所示。

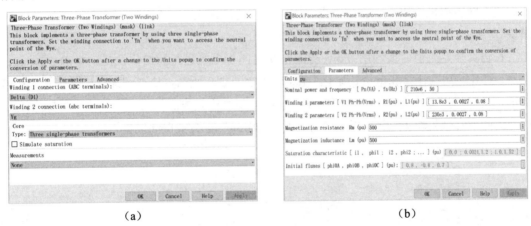

(a)　　　　　　　　　　　　　　(b)

图 7-3-6　Three-Phase Transformer (Two Windings)的两个参数设置对话框

（6）BusSelector1 模块的参数设置对话框如图 7-3-7 所示。

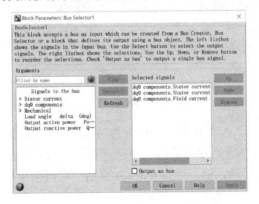

图 7-3-7　BusSelector1 模块的参数设置对话框

（7）BusSelector2 模块的参数设置对话框如图 7-3-8 所示。

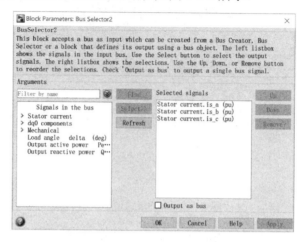

图 7-3-8　BusSelector1 模块的参数设置对话框

（8）仿真参数设置。

由于同步电机模块为电流源输出，因此在其端口并联了一个有功功率为 5MW 的负荷模块。

在仿真开始之前，要利用 Powergui 模块对同步电机进行初始化设置。单击 Powergui 模块，打开"潮流计算和电机初始化"窗口，如图 7-3-9 所示，参数设置对话框如图 7-3-10 所示，设定同步电机为平衡节点"Swing bus"。初始化完成后，与同步电机模块输入端口相连的两个常数模块 P_m 和 V_f 以及"Initial Condition"将会被自动设置。

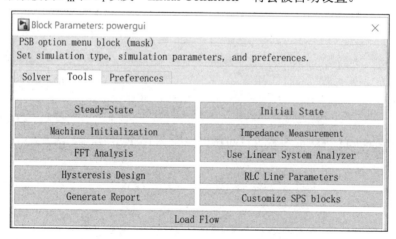

图 7-3-9　Powergui 模块"潮流计算和电机初始化"窗口

从图 7-3-10 可以看出，A 相定子电流相位为-4.43°，A 相定子电压相位为-4.43°，即电流与电压同时过零点。因此，在故障模块中设置 0.02s 时同步电机发生三相短路故障（对应 $\alpha_0 = 0$），其他参数采用默认值。选择 Ode15s 算法，仿真结束时间为 1s。

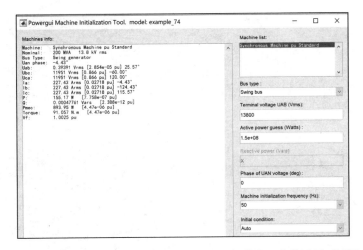

图 7-3-10 Powergui 模块"潮流计算和电机初始化"参数设置对话框

五、参考波形

本实验相关的参考波形图如图 7-3-11～图 7-3-14 所示。

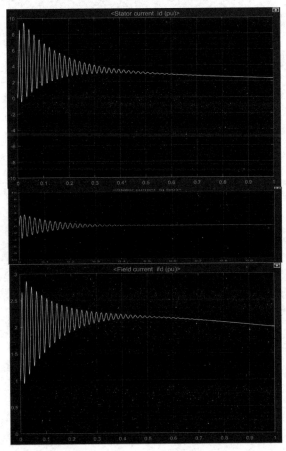

图 7-3-11 同步电机发生三相短路后定子电流的 d 轴分量 i_d、q 轴分量 i_q 以及励磁电流 i_f

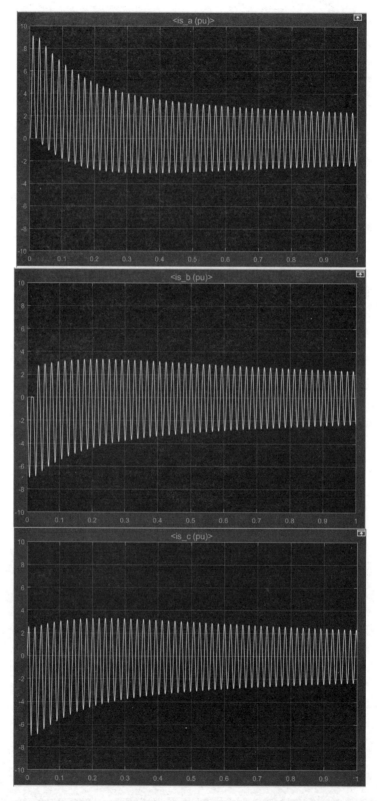

图 7-3-12 同步电机发生三相短路时的定子电流仿真波形图

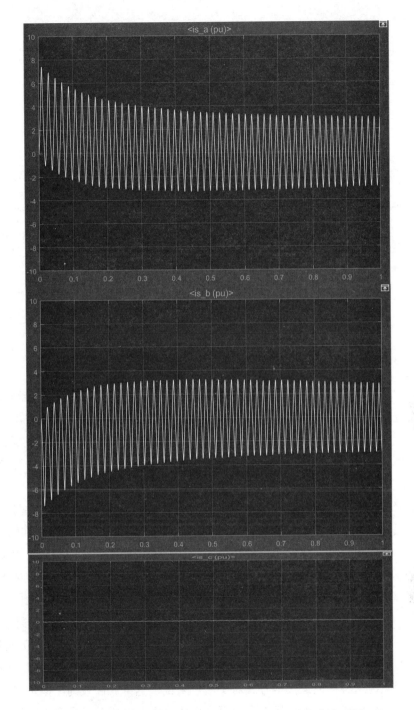

图 7-3-13　同步电机发生两相短路时的定子电流仿真波形图

六、思考题

利用 SimPowerSystems/Extra Library/Measurements 中的 "FFT" 和 "三相序分量模块" 分析短路电流中的直流分量和倍频分量，以及正序、负序和零序分量。

实验四　小电流接地系统中的单相接地仿真

一、实验要求

（1）熟悉 10kV 电网中性点不接地系统、10kV 电网中性点经消弧线圈接地系统仿真模型的搭建。

（2）熟悉 10kV 电网中性点不接地系统、10kV 电网中性点经消弧线圈接地系统发生单相接地短路时系统三相对地电压、线电压的波形图。

（3）通过仿真各线路始端零序电流、接地电流值与理论值比较，验证实验结果的正确性。

二、实验原理

电网中性点接地方式的分类方法有很多种，最常见的分类方法是根据接地短路时接地电流的大小分类，可分为大电流接地系统和小电流接地系统。电网中性点采用哪种接地方式主要取决于供电可靠性（当发生一相接地故障时是否允许继续运行）和限制过电压两个因素。我国规定 110kV 及以上电压等级的电力系统采用中性点直接接地方式，35kV 及以下的配电系统采用小电流接地（中性点不接地或经消弧线圈接地）方式。

在小电流接地系统中发生单相接地故障时，由于故障点的电流很小，并且三相之间的线电压仍然保持对称，对负荷的供电基本没有影响，因此，在一般情况下允许继续运行 1～2 小时，而不必立即跳闸，这是小电流接地系统运行的主要优点。但是在发生单相接地故障后，其他两相的对地电压会升高 $\sqrt{3}$ 倍，为防止故障进一步扩大而形成两点或多点接地短路，应及时发出信号，以便运行人员采取措施予以消除。

图 7-4-1 所示的中性点不接地系统单相接地故障发生后，由于中性点 N 不接地，所以没有形成短路电流通路，故障相和非故障相都将流过正常负荷电流，线电压仍然保持对称，因此可以在短时间内不予排除。可以利用这段时间查明故障原因并排除故障，或者进行倒负荷操作。因此，这种中性点接地方式对于用户来说供电可靠性较高，但是接地相的相对电压会降低，非接地相的对地电压将升高至线电压。短路电压升高会对电气设备的绝缘造成威胁，因此，发生单相接地故障后系统不能长期运行。

事实上，对于中性点不接地系统，由于线路分布电容（电容数值不大，但容抗很大）的存在，接地故障点和导线对地电容之间会形成电流通路，在导线和大地之间有数值不大的容性电流流通。一般情况下，这个容性电流在接地故障点会以电弧形式存在，但是电弧的高温会损毁电气设备,甚至引起附近建筑物起火燃烧。不稳定的电弧燃烧甚至还会引起弧光过电压,造成非接地相的绝缘击穿,进而发展成为相间故障,导致断路器跳闸,使用户供电中断。

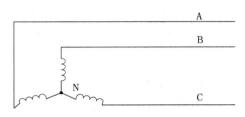

图 7-4-1 中性点不接地系统

中性点不接地系统发生单相接地故障时的特点如下:

(1)发生单相接地故障时,全系统都会出现零序电压。

(2)非故障的元件上会流过零序电流,其数值等于本身的对地电容电流,容性无功功率的实际方向是从母线流向线路。

(3)在故障线路上,零序电流为全系统非故障元件对地电容电流之和,数值较大,电容性无功功率的实际方向是从线路流向母线。

中性点经消弧线圈接地系统如图 7-4-2 所示,在正常情况下,连接于中性点 N 与大地之间的消弧线圈无电流流过,消弧线圈不起作用。当发生接地故障后,中性点将会出现零序电压,在这个电压的作用下,线圈产生感性电流并输入发生接地故障的电力系统,抵消了在接地点流过的容性电流,从而消除或减轻接地电弧电流的危害。需要说明的是,经消弧线圈补偿后,接地点将不再有容性电弧电流或只有很小的容性电流流过,但是由于接地故障依然存在,会造成故障相接地电压降低而非故障相接地电压升高,因此依然不允许长期接地运行。

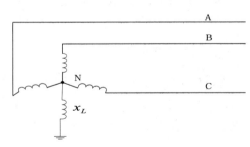

图 7-4-2 中性点经消弧线圈接地系统

三、实验内容与要求

(一)中性点不接地系统的仿真

建立一个 10kV 中性点不接地系统的仿真模型,如图 7-4-3 所示。假设电源输出电压为 10.5kV,该仿真模型设置 4 条 10kV 输电线路 Line1～Line 4,输电线路的长度分别为 130km、

175km、1km、150km，输电线路负荷 Load1、Load 2、Load 3 的有功负荷分别为 1MW、0.2MW、2MW，4 条输电线路均设置三相电压-电流测量模块，将测量到的电压、电流信号转换成 Simulink 信号，相当于电压/电流互感器的作用。

在仿真模型中，选择在第 3 条输电线路出线的 1km 处，使 Line 3 与 Line 4 之间发生 A 相金属性单相接地故障，故障时间 $t=0.04$s。仿真参数设置：选择离散算法（Discrete），仿真结束时间设为 0.2s，在 Powergui 模块设置采样时间为 1×10^{-5} s。

需要说明的是，在实际的 10kV 配电系统中，单回路架空线的输送容量一般为 0.2~2MV·A，通常输送距离为 6~20km。本实验的仿真模型将输电线路的长度人为地加长，目的是使仿真时故障特征更明显，而且不需要使用很多条输电线路的出线路数，不会影响仿真结果的正确性。

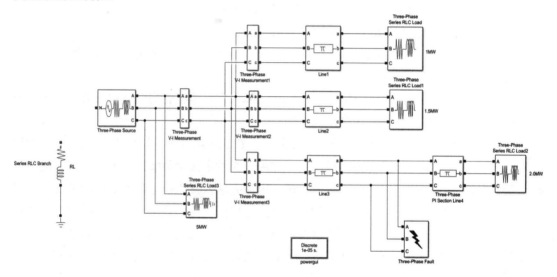

图 7-4-3　10kV 中性点不接地系统的仿真模型

要求：

（1）获取系统三相对地电压和线电压波形图。

（2）获取系统的零序电压 $3\dot{U}_0$ 和每条输电线路始端的零序电流 $3\dot{I}_0$ 波形，参考图 7-4-4 建立零序电压和零序电流测量仿真模型；计算各条输电线路始端的零序电流、接地电流有效值，并把这些有效值与理论计算值相比较，验证仿真结果的正确性。

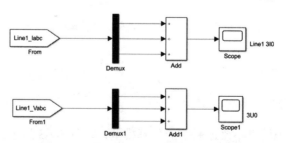

图 7-4-4　零序电压和零序电流测量仿真模型

（3）获取故障点的接地电流 $\dot{I}_D$ 波形（电流波形，幅值和相位波形）图，参考图 7-4-5 建立故障点接地电流测量仿真模型。

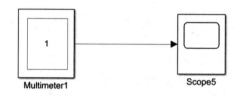

图 7-4-5　故障点接地电流测量仿真模型

（二）中性点经消弧线圈接地系统的仿真

本系统在电源的中性点接入一个电感线圈，其他参数不变。当发生单相接地故障时，在接地点会有一个电感分量的电流流过，这个电流与原系统中的电容电流相互抵消。这样，就可以减少流经故障点的电流，此电感线圈称为消弧线圈。

在各级电压网络中，当全系统的电容电流超过以下数值时，应装设消弧线圈：3～6kV 电网，超过 30A；10kV 电网，超过 20A；22～66kV 电网，超过 10A。

消弧线圈补偿原理：如果要使接地点的电流近似 0，实现完全补偿，应满足以下公式：

$$\omega L = \frac{1}{3\omega C_\Sigma}$$

式中，L 为消弧线圈的电感；C_Σ 为系统三相对地电容。

根据仿真模型设置参数，可以求出系统三相对地总电容：

$$C_\Sigma = 3.534 \times 10^{-6} \text{F}$$

计算可以实现完全补偿的电感：

$$L = \frac{1}{3\omega^2 C_\Sigma} = 0.9566 \text{H}$$

由于完全补偿时会存在串联谐振过电压问题，因此在实际工程中常采用过补偿方式。当过补偿度为 10%时，消弧线圈的电感为

$$L = 0.9566 \times (1-10\%) = 0.8697 \text{H}$$

经过计算，仿真模型中消弧线圈的电阻参数就是线圈所需串联的阻尼电阻值：$R = 30\Omega$。要求：

（1）获取中性点经消弧线圈接地系统的零序电压 $3\dot{U}_0$、零序电流 $3\dot{I}_0$、消弧线圈电流 $\dot{I}_L$ 以及故障点的接地电流 $\dot{I}_D$ 波形图。

（2）仿真结果验证。当单相接地的暂态故障过程结束后，故障点的接地电流值应远小于中性点不接地系统的接地电流，观察补偿效果。

四、主要模块的参数设置

（1）Three-Phase Source 模块的参数设置对话框如图 7-4-6 所示。

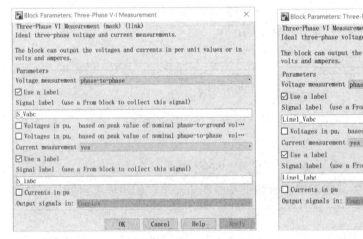

图 7-4-6 Three-Phase Source 模块的参数设置对话框

（2）Three-Phase V-I Measurement（三相电压-电流测量）模块的参数设置对话框如图 7-4-7 所示。

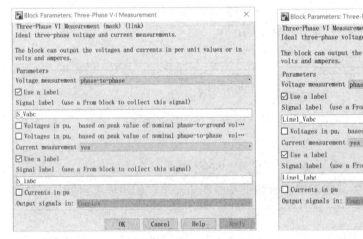
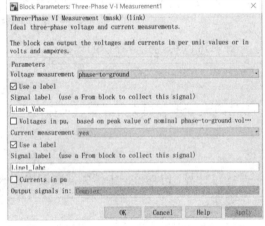

（a）电源侧　　　　　　　　　　　　　　　（b）线路侧

图 7-4-7 Three-Phase V-I Measurement 模块的参数设置对话框

（3）在 Line 模块中对输电线路长度进行设置，参数设置对话框如图 7-4-8 所示。

（4）在 Three-Phase Series RLC Load 模块中，根据不同的功率参数进行设置，其参数设置对话框如图 7-4-9 所示。

（5）From 模块（电流）：参数设置对话框如图 7-4-10 所示。

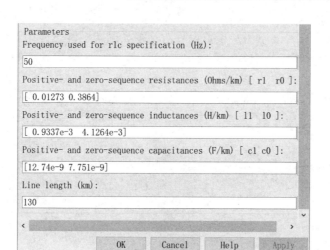

图 7-4-8　Line 模块的参数设置对话框

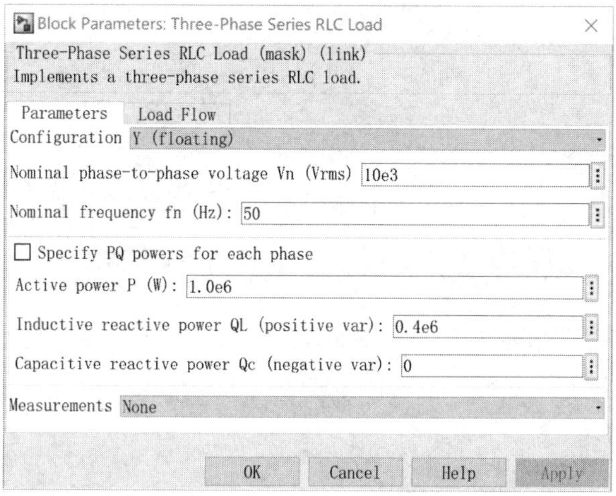

图 7-4-9　Three-Phase Series RLC Load 模块的参数设置对话框

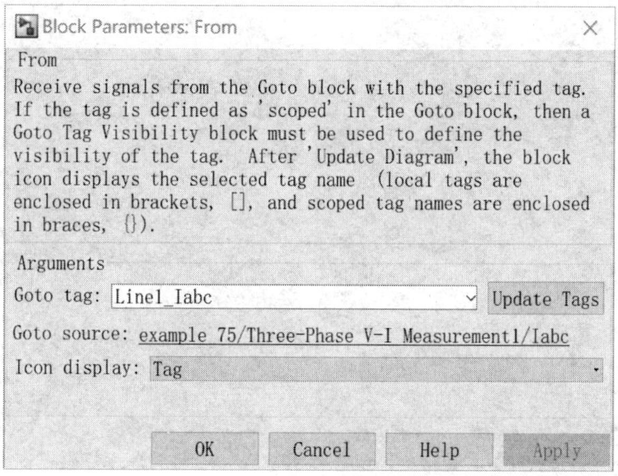

图 7-4-10　From 模块（电流）参数设置对话框

（6）Multimeter 模块（电压）参数设置对话框如图 7-4-11 所示。

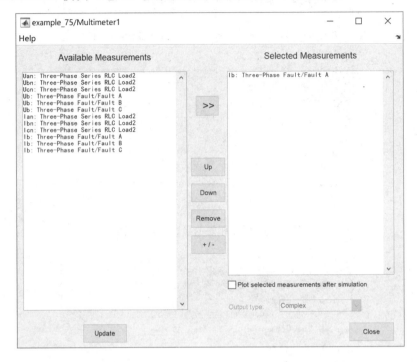

图 7-4-11　From 模块（电压）参数设置对话框

五、参考公式与参考波形

（1）理论值 $3I_{0I} = 3U_\varphi \omega C_{0I}$。

（2）仿真结果有效值 $3I_{0I} = 3 \times I_m / \sqrt{2}$。

本实验相关波形图如图 7-4-12～图 7-4-14 所示。

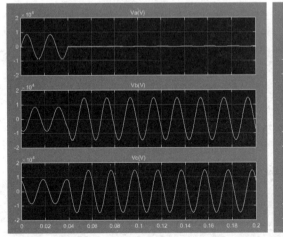
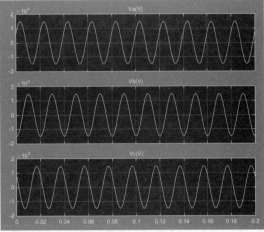

图 7-4-12　中性点不接地系统三相对地电压和线电压的波形图

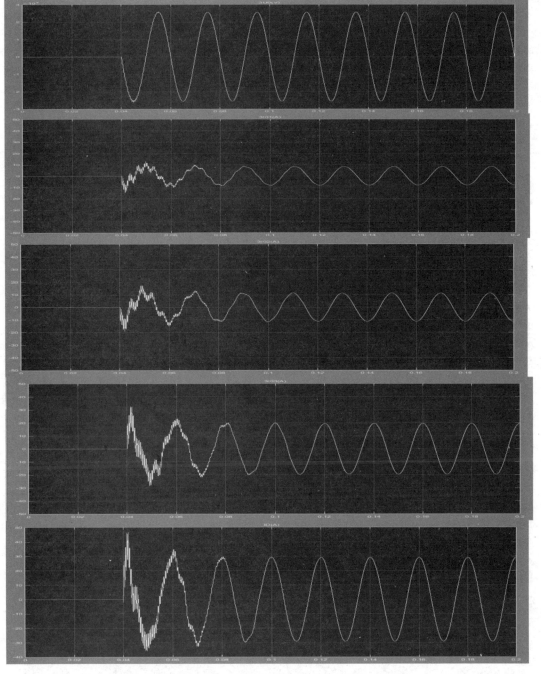

图 7-4-13 中性点不接地系统零序电压 $3\dot{U}_0$、零序电流 $3\dot{I}_0$ 以及故障点接地电流波形图

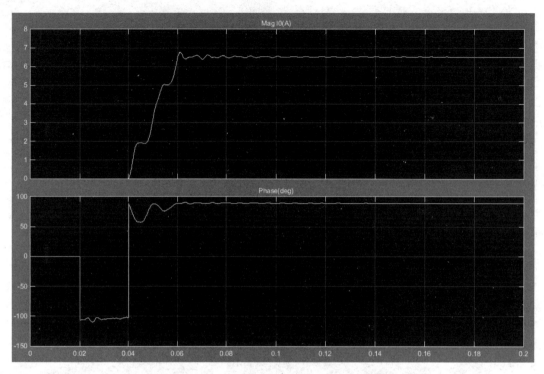

图 7-4-14　故障点零序电流幅值和相位波形图

六、思考题

当发生同相两点接地故障以及间歇性单相接地故障时,应如何建立模型并进行仿真分析?

第 8 章 微机继电保护实验

实验一 MATLAB 微机保护算法辅助设计

一、实验目的

（1）了解 MATLAB 环境下基于正弦波函数模型的微机保护算法。
（2）了解利用 MATLAB 设计减法滤波器的方法。
（3）熟悉 MATLAB 环境下全波傅里叶算法的设计与实现。

二、实验原理

假设被采样的电压、电流信号都是正弦量，可以利用正弦函数的一系列特性，从若干采样值中计算出电压/电流信号的幅值、相位、功率，并测量阻抗的值。然后进行比较、判断，完成一系列保护功能的设计。

实际上，在电力系统发生故障后电压、电流信号都含有各种暂态分量，而且数据采集系统还会引入各种误差。因此，通过要获得精确的结果，必须和数字滤波器配合使用，在尽可能地滤掉非周期分量和高频分量之后，才能采用；否则，计算结果将会出现较大的误差，与实际值相差较大。

（一）两点乘积算法

两点乘积算法是利用两个采样值的乘积来计算电流、电压，以及阻抗的幅值和相位角等电气参数的方法。即利用两个采样值推算出整个曲线情况，这种方法属于曲线拟合算法，计算判定时间较短。

以 u_1 和 u_2 两个正弦电压为采样值，两者相位角相差 $\pi/2$，则

$$u_1 = U_m \sin(\omega t_n + \alpha_{0u}) = \sqrt{2}U \sin\theta_{1u} \tag{8-1-1}$$

$$u_2 = U_m \sin(\omega t_n + \alpha_{0u} + \pi/2) = \sqrt{2}U \cos\theta_{1u} \tag{8-1-2}$$

式中，$\theta_{1u} = \omega t_n + \alpha_{0u}$ 为 t_n 采样时刻电压的相角，可能为任意值。

将式（8-1-1）和式（8-1-2）进行平方后相加，可得
$$2U^2 = u_1^2 + u_2^2 \tag{8-1-3}$$

将式（8-1-1）和式（8-1-2）相除，可得
$$\tan\theta_{1u} = \frac{u_1}{u_2} \tag{8-1-4}$$

由式（8-1-3）和式（8-1-4）可知，根据任意两个相位角相差 π/2 的正弦量的瞬时值，就可以计算出该正弦量的有效值和相位。

根据上述结论，计算阻抗值 Z，测出两个相位角相差 π/2 的电压和电流瞬时值，即 u_1、i_1 和 u_2、i_2，

$$Z = \frac{U}{I} = \frac{\sqrt{u_1^2 + u_2^2}}{\sqrt{i_1^2 + i_2^2}} \tag{8-1-5}$$

$$\alpha_Z = \alpha_{1U} - \alpha_{1I} = \arctan\frac{u_1}{u_2} - \arctan\frac{i_1}{i_2} \tag{8-1-6}$$

式（8-1-6）用到了反三角函数，可以利用它求出阻抗的电阻分量和电抗分量。将电流和电压写成复数形式，即

$$\dot{U} = U\cos\theta_{1u} + jU\sin\theta_{1u}$$
$$\dot{I} = I\cos\theta_{1i} + jI\sin\theta_{1i}$$

参考式（8-1-1）和式（8-1-2），可以写出如下表达式：

$$\dot{U} = \frac{u_2 + ju_1}{\sqrt{2}}$$
$$\dot{I} = \frac{i_2 + ji_1}{\sqrt{2}}$$

进而得到式（8-1-7），即
$$\frac{\dot{U}}{\dot{I}} = \frac{u_2 + ju_1}{i_2 + ji_1} = \frac{u_1 i_1 + u_2 i_2}{i_1^2 + i_2^2} + j\frac{u_1 i_2 - u_2 i_1}{i_1^2 + i_2^2} \tag{8-1-7}$$

式（8-1-7）中，实部为 R，虚部为 X，可以得到

$$R = \frac{u_1 i_1 + u_2 i_2}{i_1^2 + i_2^2} \tag{8-1-8}$$

$$X = \frac{u_1 i_2 - u_2 i_1}{i_1^2 + i_2^2} \tag{8-1-9}$$

电压相量和电流相量之间的阻抗角由以下公式计算得出

$$\tan\theta = \frac{u_1 i_2 - u_2 i_1}{u_1 i_1 + u_2 i_2} \tag{8-1-10}$$

式（8-1-9）和式（8-1-10）采用了两个采样值的乘积计算，这种方法称为两点乘积算法。u_1 和 u_2 两个正弦电压为采样值，两者相位角相差 π/2，需要的时间为 1/4 周期，对于工频 50Hz 的信号，需要 5ms。

(二) 全波傅里叶算法

全波傅里叶算法是目前电力系统微机保护中广泛采用的算法,其基本思路来自傅里叶级数,利用正弦/余弦函数的正交函数性质来提取信号中某一频率的分量。假定被采样的模拟信号是一个周期性时间函数,可按下式将该周期性时间函数展开成傅里叶级数形式,即

$$x(t) = \sum_{n=0}^{\infty}[b_n \cos n\omega_1 t + a_n \sin n\omega_1 t] \tag{8-1-11}$$

式中,$n = 0,1,2,\cdots$;a_n、b_n 为各次谐波的正弦项和余弦项的振幅。其中,a_1 和 b_1 分别为基波分量的正弦项、余弦项的振幅,b_0 为直流分量的值。

根据傅里叶级数的原理,可以求出基波分量,即

$$a_1 = \frac{2}{T}\int_0^T x(t)\sin\omega_1 t dt \tag{8-1-12}$$

$$b_1 = \frac{2}{T}\int_0^T x(t)\cos\omega_1 t dt \tag{8-1-13}$$

$x(t)$ 中的基波分量为

$$x_1(t) = a_1 \sin\omega_1 t + b_1 \cos\omega_1 t$$

经三角函数变换,合并正弦项、余弦项后可得

$$x_1(t) = \sqrt{2}X\sin(\omega_1 t + \theta_1)$$

式中,X 为基波分量的有效值;θ_1 为 $t = 0$ 时基波分量的初相角。

将表达式 $\sin(\omega_1 t + \theta_1)$ 用三角函数和差公式展开,可得

$$a_1 = \sqrt{2}X\cos\theta_1 \tag{8-1-14}$$

$$b_1 = \sqrt{2}X\sin\theta_1 \tag{8-1-15}$$

进而得到有效值和相角表达式:

$$2X^2 = a_1^2 + b_1^2 \tag{8-1-16}$$

$$\tan\theta_1 = \frac{b_1}{a_1} \tag{8-1-17}$$

在使用微机计算 a_1 和 b_1 时,通常采用有限项方法获得其值,即将 $x(t)$ 用各个采样点数值代入,通过梯形法求和代替积分法,由于 $N\Delta t = T$,$\omega_1 t = 2k\pi/N$,故可得

$$a_1 = \frac{1}{N}\left[2\sum_{k=1}^{N}x_k \sin k\frac{2\pi}{N}\right] \tag{8-1-18}$$

$$b_1 = \frac{1}{N}\left[2\sum_{k=1}^{N}x_k \cos k\frac{2\pi}{N}\right] \tag{8-1-19}$$

式中,N 为采样周期的点数,x_k 为第 k 次采样值。

当采样间隔时间 T_s 使 $\omega_1 T_s = 30°$ 成立时,即 $N = 12$ 时,可得

$$a_1 = \frac{1}{N}\left[2\sum_{k=1}^{N}x_k \sin k\frac{2\pi}{N}\right] = \frac{1}{6}\left[\sum_{k=1}^{N}x_k \sin k\frac{\pi}{6}\right]$$

或

$$a_1 = \frac{1}{6}[(x_3 - x_9) + \frac{1}{2}(x_1 + x_5 - x_7 - x_{11}) + \frac{\sqrt{3}}{2}(x_2 + x_4 - x_8 - x_{10})]$$

$$b_1 = \frac{1}{6}[(x_{12} - x_6) + \frac{1}{2}(x_2 - x_8 - x_4 + x_{10}) + \frac{\sqrt{3}}{2}(x_1 - x_5 - x_7 + x_{11})]$$

当 n 取不同数值时，即可求得任意次谐波的幅值和相位，即

$$a_n = \frac{1}{N}\left[2\sum_{k=1}^{N} x_k \sin kn \frac{2\pi}{N}\right] \tag{8-1-20}$$

$$b_n = \frac{1}{N}\left[2\sum_{k=1}^{N} x_k \cos kn \frac{2\pi}{N}\right] \tag{8-1-21}$$

对正弦波信号进行全波傅里叶算法的频率特性分析，假设输入电压信号为

$$U(t) = U_m \sin(p\omega_1 t + \alpha)$$

式中，$p = \dfrac{\omega}{\omega_1}$ 为谐波次数；ω_1 为基波角频率。

第 k 个采样值为

$$U_k = U_m \sin(\omega t_k + \alpha) = U_m \sin(p\omega_1 t_k + \alpha) = U_m \sin(p\omega_1 t_k + \alpha) = U_m \sin(p\frac{2\pi}{N}k + \alpha) \tag{8-1-22}$$

利用全波傅里叶算法其幅值时，定义：

$$|H| = \frac{U_{1m}}{U_m} = \frac{\sqrt{U_{s1}^2 + U_{c1}^2}}{U_m} \tag{8-1-23}$$

上式即相对频率 f/f_0 的幅频特性。

（三）差分滤波器

差分滤波器的差分方程为

$$y(n) = x(n) - x(n-k) \tag{8-1-24}$$

式中，k 为差分步长，其值可以根据不同的滤波要求进行选择。

将式（8-1-24）进行 Z 变换，得到

$$Y(z) = X(z)(1 - z^{-k})$$

其转移函数为

$$H(z) = \frac{Y(z)}{X(z)} = 1 - z^{-k}$$

将上式代入公式 $z = e^{j\omega T_s}$，可得

$$|H(e^{j\omega T_s})| = |1 - e^{-jk\omega T_s}| = 2\left|\sin\frac{k\omega T_s}{2}\right| \tag{8-1-25}$$

式中，ω 为输入信号的角频率，$\omega = 2\pi f$；T_s 为采样周期，与采样频率 f_s 的关系式：$f_s = \dfrac{1}{T_s}$。通常要求 f_s 为基波频率 f_1 的整数倍，$f_s = Nf_1$，$N = 1, 2, \cdots$ 为每基频周期内采样的点数。

在使用差分滤波器时，应根据欲滤除的谐波次数，确定滤波器的阶数。假设谐波次数为 m，谐波角频率为 ω，则有

$$\omega = m\omega_1$$

式中，ω_1 为基波角频率。

令式（8-1-25）等于 0，则有

$$2\left|\sin\frac{k\omega T_s}{2}\right| = 2\left|\sin\frac{km\omega_1 T_s}{2}\right| = 2\left|\sin\frac{km2\pi f_1 T_s}{2}\right| = 0$$

式中，k 为滤波器的阶数，因为差分滤波器的幅频特性具有周期性，则有

$$km\pi f_1 T_s = p\pi \quad (p = 0,1,2,\cdots, p < \frac{k}{2})$$

若求出 k 值，则可以求出能够滤除的谐波次数，即

$$k = \frac{p}{mT_s f_1} = \frac{pf_s}{mf_1} = p\frac{N}{m} \tag{8-1-26}$$

$$\frac{f}{f_1} = m = \frac{p}{kT_s f_1} = \frac{pf_s}{kf_1} = p\frac{N}{m} \tag{8-1-27}$$

根据采样定理，要求 $p < \frac{k}{2}$，同时要满足，$f < \frac{f_s}{2}$，因此可得到

$$\begin{cases} \dfrac{f}{f_1} = p\dfrac{N}{k} \\ \dfrac{f_s}{2f_1} = \dfrac{N}{2} \end{cases}$$

由此，当 $p=0$ 时，必然有 $m=0$，无论 f_s、k 取何值，直流分量总能被滤除，同时 N/k 的整数倍的谐波也会被滤除。

【例 8-1】对如图 8-1-1 所示的正弦波电路，假设测得的输入电压为 $v(t) = 100\sqrt{3}\sin(\omega t)$，输入电流为 $i(t) = 50\sqrt{3}\sin(\omega t - \dfrac{\pi}{6})$，当每周期采样点数 $N=12$ 时，试利用两点乘积算法计算输入信号的有效值、相位差及其他电路参数。

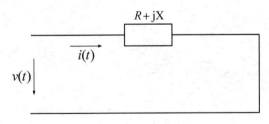

图 8-1-1　正弦波电路

解：设计两点乘积算法的 MATLAB 辅助编程文件，程序如下：

```
%  --- 两点乘积算法的MATLAB辅助分析文件 ----
clc;
Clear;
% 测量到的电压和电流量
N=12;
```

```
t1=(0:0.02/N:0.02);
m=size(t1);
% 电压
Va=173*sin(2*pi*50*t1);
% 电流
Ia=87*sin(2*pi*50*t1-pi/6);
% 利用两点乘积算法计算电压
for jj=4:m(2)
    U(jj)=sqrt((Va(jj)*Va(jj)+Va(jj-3)*Va(jj-3))/2);
end
%电流
for jj=4:m(2)
    I(jj)=sqrt((Ia(jj)*Ia(jj)+Ia(jj-3)*Ia(jj-3))/2);
end
%电阻、电抗,相角差
for jj=4:m(2)
R(jj)=((Va(jj)*Ia(jj)+Va(jj-3)*Ia(jj-3))/(Ia(jj)*Ia(jj)+Ia(jj-3)*Ia(jj-3)));
X(jj)=((Va(jj-3)*Ia(jj)-Va(jj)*Ia(jj-3))/(Ia(jj)*Ia(jj)+Ia(jj-3)*Ia(jj-3)));
O(jj)=180/pi*atan((Va(jj-3)*Ia(jj)-Va(jj)*Ia(jj-3))/(Va(jj)*Ia(jj)+
                  Va(jj-3)*Ia(jj-3)));
end
% 输出波形
subplot(231);
plot(t1,Va,'-ro',t1,Ia,'--bo');          % 测量到的电压和电流量
subplot(232);
plot(t1,U,'-bo');                         % 计算得到的电压有效值
ylabel('V');
subplot(233);
plot(t1,I,'-bo');                         % 计算得到的电流有效值
ylabel('I');
subplot(234);
plot(t1,R,'-bo');                         % 计算得到的电阻值
ylabel('电阻');
subplot(235);
plot(t1,X,'-bo');                         % 计算得到的电抗值
ylabel('电抗');
subplot(236);
plot(t1,O,'-bo');                         % 计算得到的相位差
ylabel('相位差');
```

上述程序运行结果即输入信号的有效值、电路电阻、电抗及相位差波形图，如图 8-1-2 所示。

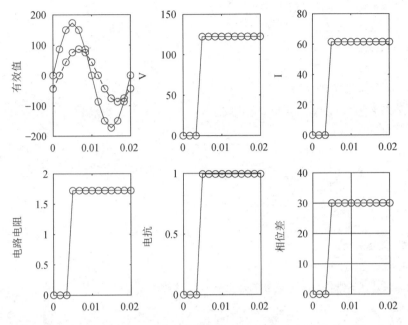

图 8-1-2　输入信号的有效值、电路电阻、电抗及相位差波形图

【例 8-2】 已知采样频率为 $f_s = 1200\text{Hz}(N=36)$，基波频率 $f_1 = 50\text{Hz}$，试设计差分滤波器，使之能够滤除直流分量和 3 次、6 次谐波。

解： 假设电压信号为 $u = 35 + 100\sqrt{3}\sin(100\pi t) + 30\sqrt{3}\sin(100\pi t) + 10\sqrt{3}\sin(100\pi t)$，设置差分滤波器阶数为

$$k = \frac{N}{m} = \frac{36}{3} = 12$$

能够被滤除的谐波次数为

$$q = p\frac{N}{k} = p\frac{36}{12} = 3p \quad (p = 0,1,2,3)$$

因此，该滤波器的差分方程为

$$y(n) = x(n) - x(n-12)$$

传递函数为

$$H(z) = 1 - z^{-12}$$

利用 MATLAB 进行辅助程序设计，参考程序如下：

```
% --- 两点乘积算法的MATLAB辅助分析文件 -----
clc;
Clear;
% 设置减法滤波器的传递函数系数
a1 =1; b1 =[1 0 0 0 0 -1];
```

```
f =0:1:600;
h1 =abs(freqz(b1, a1, f, 1200));
% 由传递函数系数确定函数的幅频特性
H1 =h1/max(h1);
% 绘出幅频特性
Plot(f,H1);
Xlable('f/Hz'); Ylable('H1');
% 滤波效果仿真
% 模拟输入参数
N=36;
t1=(0:0.02/N:0.04);
m=size(t1);
% 基波电压
Va=173*sin(2*pi*50*t1);
%叠加直流分量和3，6次谐波分量
Va1=35+73*sin(2*pi*50*t1)+52*sin(3*pi*100*t1)+17*sin(6*pi*100*t1);
% 采用减法滤波器滤掉Va1中的直流分量和3，6次谐波分量
Y=zeros(1,12);
for jj=7:m(2)
    Y(jj)=(Va1(jj)-Va1(jj-6))/1.414;
end
% 输出波形
plot(t1,Va,'-ro',t1,Va1,'-bs',t1,Y,'-g*');
xlabel('t/s');ylabel('v/V');
grid on
```

运行 M 文件，得到图 8-1-3 所示的差分滤波器的幅频特性曲线和图 8-1-4 所示的过滤波形仿真图。结果显示，输出电压信号完全被滤除了直流分量和 3 次、6 次谐波。

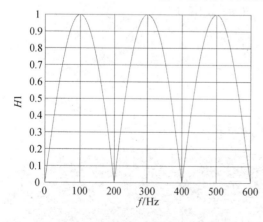

图 8-1-3 差分滤波器的幅频特性曲线

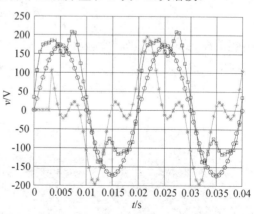

图 8-1-4 过滤波形仿真图

三、实验内容与要求

假设输入电压信号为 $u(t) = 100\sqrt{3}\sin(\omega t) + 50\sqrt{3}\sin(3\omega t) + 10\sqrt{3}\sin(5\omega t)$，当每周期采样点数 $N = 24$ 时，试利用全波傅里叶算法，计算输入电压信号的基波、4 次及 5 次谐波。

要求：

（1）设计全波傅里叶算法 MATLAB 程序。

（2）获取仿真波形并分析之。

四、注意事项

全波傅里叶算法只能消除直流分量和整次谐波分量，但是当电力系统发生故障时，故障信号除了包含各次谐波分量，还含有衰减的直流分量。由于衰减的直流分量对应的频谱为连续谱，从而与信号中的基频分量频谱混叠，故导致在利用全波傅里叶算法计算时出现误差。此时，需要对全波傅里叶算法进行改进。

实验二 方向阻抗继电器的建模与仿真

一、实验目的

（1）熟悉"0°接线"方向阻抗继电器模型的搭建方法及故障仿真分析方法。

（2）熟悉"相电压和具有 $K3\dot{I}_0$ 零序电流补偿"的相电流接线方向阻抗继电器模型搭建方法及故障仿真分析方法。

（3）熟悉在电力系统接线中对方向阻抗继电器进行仿真的方法。

二、实验原理

距离保护是指根据故障点至保护装置安装地点之间的距离（或阻抗）的远近，确定保护装置动作时间。阻抗继电器是距离保护装置的核心元件，其主要作用是测量故障点到保护装置安装地点之间的阻抗，并与阻抗整定值进行比较，以确定保护装置是否应该动作。

为了减少过渡电阻及互感器误差的影响，尽量简化继电器的接线，便于制造和调试，通常把阻抗继电器的动作特性曲线扩大为一个圆，如全阻抗继电器、方向阻抗继电器及偏移特性阻抗继电器。此外，还有动作特性曲线为透镜形、四边形的阻抗继电器。本实验主要分析方向阻抗继电器，其幅值比较式动作特性曲线和相位比较式动作特性曲线分别如图 8-2-1 和图 8-2-2 所示。

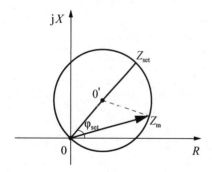

图 8-2-1 幅值比较式动作特性

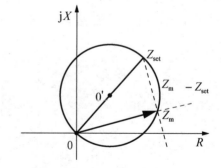

图 8-2-2 相位比较式动作特性

1. 幅值比较式动作特性分析

方向阻抗继电器动作条件如下：

$$\left| Z_\text{m} - \frac{1}{2} Z_\text{set} \right| \leqslant \left| \frac{1}{2} Z_\text{set} \right| \tag{8-2-1}$$

上式不等号两边同乘以电流 $\dot{I}_k$，即变为两个电压幅值的比较方程式：

$$\left| \dot{U}_m - \frac{1}{2}\dot{I}_m Z_{set} \right| \leqslant \left| \frac{1}{2}\dot{I}_m Z_{set} \right| \tag{8-2-2}$$

2. 相位比较式动作特性分析

方向阻抗继电器动作条件如下：

$$90° \leqslant \arg \frac{Z_m}{Z_m - Z_{set}} \leqslant 270° \tag{8-2-3}$$

上式等号两边同乘以电流 $\dot{I}_k$，即变为两个电压相位的比较方程式：

$$90° \leqslant \arg \frac{\dot{U}_m}{\dot{U}_m - \dot{I}_m Z_{set}} \leqslant 270°$$

可以写成

$$90° \leqslant \arg \frac{\dot{U}_p}{\dot{U}_r} \leqslant 270°$$

式中，

$$\begin{cases} \dot{U}_p = \dot{U}_k \\ \dot{U}' = \dot{U}_k - \dot{I}_k Z_{set} \end{cases} \tag{8-2-4}$$

式中，$\dot{U}_p$ 为极化电压，$\dot{U}'$ 为补偿电压。

根据距离保护原理，测量电压和测量电流应该满足以下要求：

（1）方向阻抗继电器的测量阻抗应正比于故障点到保护装置安装地点之间的距离。

（2）测量阻抗与故障类型无关，保护范围不应随故障类型的变化而变化。

当采用 3 个单相式阻抗继电器分别连接在三相电路时，常用的测量电压、测量电流组合有两种方式，即"0°接线"和"相电压和具有 $K3\dot{I}_0$ 零序电流补偿"接线方式。方向阻抗继电器采用不同接线方式时接入的电压和电流表达式见表 8-2-1。

表 8-2-1　方向阻抗继电器采用不同接线方式时接入的电压和电流表达式

方向阻抗继电器接线方式	方向阻抗继电器 Z1		方向阻抗继电器 Z2		方向阻抗继电器 Z3	
	$\dot{U}_k$	$\dot{I}_k$	$\dot{U}_k$	$\dot{I}_k$	$\dot{U}_k$	$\dot{I}_k$
0°接线	$\dot{U}_{AB}$	$\dot{I}_A - \dot{I}_B$	$\dot{U}_{BC}$	$\dot{I}_B - \dot{I}_C$	$\dot{U}_{CA}$	$\dot{I}_C - \dot{I}_A$
相电压和具有 $K3\dot{I}_0$ 零序电流补偿	$\dot{U}_A$	$\dot{I}_A + K3\dot{I}_0$	$\dot{U}_B$	$\dot{I}_B + K3\dot{I}_0$	$\dot{U}_C$	$\dot{I}_C + K3\dot{I}_0$

三、实验内容与要求

电路参数如下：500kV 双侧电源供电系统。方向阻抗继电器仿真所用的电力系统接线图如图 8-2-3 所示,相位角相差 60°,两条输电线路的长度:L_1=230km,L_2=70km,线路总长 300m。搭建 500kV 双侧电源供电系统仿真模型,如图 8-2-4 所示。

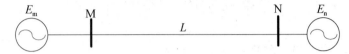

图 8-2-3　方向阻抗继电器仿真所用的电力系统接线图

分别构建"0°接线"方向阻抗继电器模型和"相电压和具有 $K3\dot{I}_0$ 零序电流补偿"方向阻抗继电器,对输电线路进行三相短路、AB 相短路、A 相接地短路、A 相接地仿真,分析比较以上两种继电器的动作特性。故障点选取保护范围内部的正方向出口、近保护范围末端 220km 处和保护范围外部 230km 处这 3 个点,分析当过渡电阻 R_g 从 0 变化到 20Ω(步长为 10Ω)时各相阻抗继电器的相位。

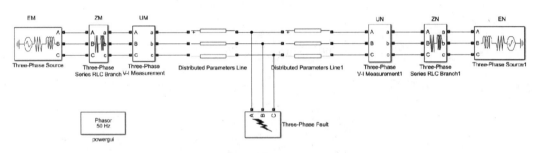

图 8-2-4　500kV 双侧电源供电系统仿真模型

四、主要模块的参数设置

(1) Three-Phase Source 模块:双侧电源线电压为 500kV,相位相差为 60°,其他参数为默认值。该模块的参数设置对话框如图 8-2-5 所示。

图 8-2-5　Three-Phase Source 模块的参数设置对话框

(2) Three-Phase Series RLC Branch 模块的参数设置对话框如图 8-2-6 所示。

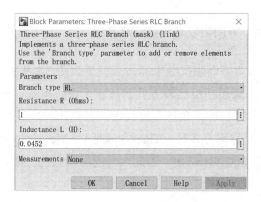

图 8-2-6　Three-Phase Series RLC Branch 模块的参数设置对话框

（3）Distributed Parameters Line 模块：输电线路总长为 300km，线路 1 和线路 2 的长度分别为 230km 与 70km，其参数设置对话框如图 8-2-7 所示。

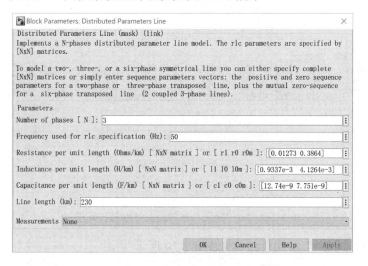

图 8-2-7　Distributed Parameters Line 模块的参数设置对话框

（4）Powergui 模块：选择相位仿真方式（Phase），其参数设置对话框如图 8-2-8 所示。

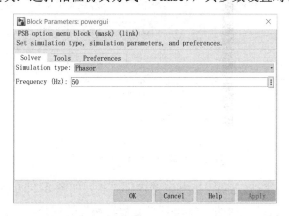

图 8-2-8　Powergui 模块参数设置对话框

五、构建"0°接线"方向阻抗继电器仿真模型

设计原理:"0°接线"方向阻抗继电器仿真模型如图 8-2-9 所示,3 个阻抗继电器 Z1、Z2、Z3 分别连接于三相。采用相位比较方式和封装子系统模式,通过相位显示器模块可以实时察看各个阻抗继电器的相位。在仿真过程中,各电压、电流输出信号应为复数形式,当 Powergui 模块设置相位仿真方式时,Three-Phase V-I Measurement 三相电压-电流测量模块"UM"的输出信号是幅值和相位角。因此,可使用子系统"U_Covert""I_Covert"模块获取复数形式的三相电压和电流信号。"U_Covert"和"I_Covert"结构模块设计方法相同。

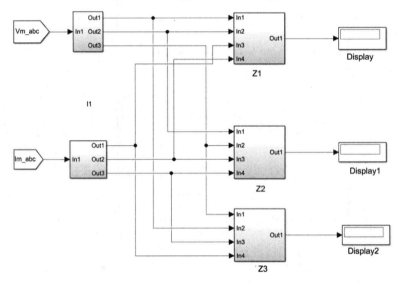

图 8-2-9 "0°接线"方向阻抗继电器仿真模型

子系统"U_Covert"模块的结构如图 8-2-10 所示。

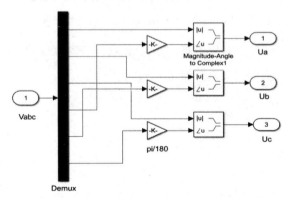

图 8-2-10 子系统"U_Covert"模块结构

相位比较式"0°接线"方向阻抗继电器内部结构,如图 8-2-11 所示。该模块应用到了数学运算模块组的"叉乘""增益""求和""复数转换"等模块。

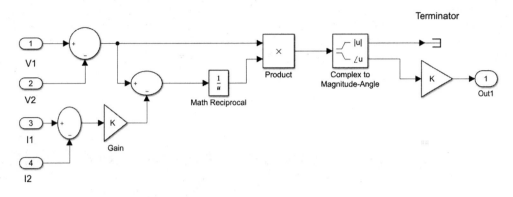

图 8-2-11　相位比较式"0°接线"方向阻抗继电器内部结构

六、构建"相电压和具有 $K3\dot{I}_0$ 零序电流补偿"方向阻抗继电器仿真模型

"相电压和具有 $K3\dot{I}_0$ 零序电流补偿"方向阻抗继电器仿真模型如图 8-2-12 所示。

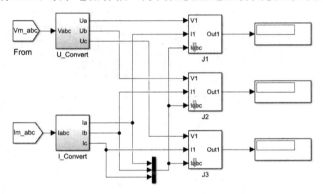

图 8-2-12　"相电压和具有 $K3\dot{I}_0$ 零序电流补偿"方向阻抗继电器仿真模型

"相电压和具有 $K3\dot{I}_0$ 零序电流补偿"方向阻抗继电器内部结构如图 8-2-13 所示,其设置阻抗整定值对话框如图 8-2-14 所示。

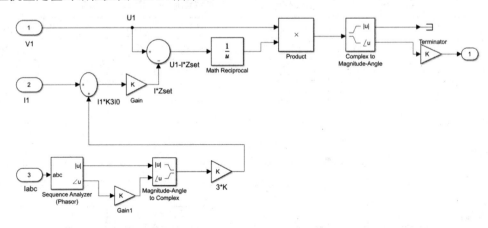

图 8-2-13　"相电压和具有 $K3\dot{I}_0$ 零序电流补偿"方向阻抗继电器内部结构

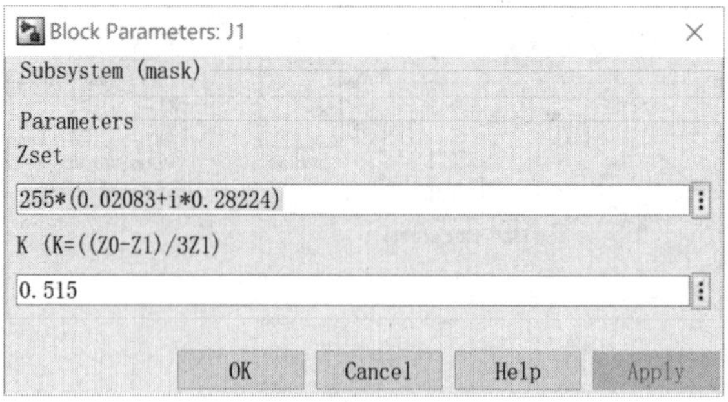

图 8-2-14 设置阻抗整定值对话框

要求：

分析采用"0°接线"与"相电压和具有 $K3\dot{I}_0$ 零序电流补偿"两种接线方式，记录仿真计算结果并把结果填到表 8-2-2 和表 8-2-3 中。

表 8-2-2 采用"0°接线"仿真计算结果

故障类型	过渡电阻/Ω	正方向出口故障			近保护范围末端故障			保护范围外部故障		
		A 相	B 相	C 相	A 相	B 相	C 相	A 相	B 相	C 相
三相短路	0									
	10									
	20									
AB 相短路	0									
	10									
	20									
A 相接地	0									
	10									
	20									

表 8-2-3 采用"相电压和具有 $K3\dot{I}_0$ 零序电流补偿"仿真计算结果

故障类型	过渡电阻/Ω	正方向出口故障			近保护范围末端故障			保护范围外部故障		
		A 相	B 相	C 相	A 相	B 相	C 相	A 相	B 相	C 相
三相短路	0									
	10									
	20									
AB 相短路	0									
	10									
	20									
A 相接地	0									
	10									
	20									

七、注意事项

通过以上仿真可以看出，无论是在继电保护的学习中还是设计中，利用 MATLAB/Simulink 分析软件是十分必要的，它可以使人们对继电器的动作特性有一个直观的、定量的深刻认识，为如何提高继电保护的性能提供了新的研究思路。

实验三 电力变压器微机保护

一、实验目的

（1）熟悉应用 Simulink 软件对电力变压器空载合闸时的励磁涌流进行仿真与分析。

（2）熟悉电力变压器绕组接线方式的改变，对电力变压器空载合闸时的励磁涌流进行仿真与分析。

（3）理解电力变压器保护区内和保护区外发生故障时的比率制动仿真过程。

二、实验原理

电力变压器是电力系统中十分重要的供电元件，它若发生故障，将对供电可靠性和电力系统的正常工作带来严重的影响。同时，大容量的电力变压器也是十分贵重的元件，因此，必须根据电力变压器的容量和重要程度，考虑装设性能良好、工作可靠的继电保护装置。根据国家电力调度通信中心和中国电力科学院联合发布的《全国电网继电保护与安全自动装置运行情况统计分析》，在 1995—2001 年，变压器纵联差动保护装置共动作 1464 次，其中误动或拒动 449 次，动作正确率只有 69.3%，其保护正确动作率远低于发电机保护和 220～500kV 线路保护正确动作率。关于误动和拒动的原因，除了运行（整定、调试）、安装、制造质量等，还涉及若干理论问题，这些理论有待解决。

忽略变压器漏抗和电阻并假设变压器一次绕组只有 1 匝，则有

$$\frac{d\phi}{dt} = U_m \sin(\omega t + \alpha) \tag{8-3-1}$$

根据积分求计算结果：

$$\phi = -\frac{U_m}{\omega}\cos(\omega t + \alpha) + C$$

当 $t = 0$ 时，变压器的剩磁通为 Φ_r，则有

$$\phi = -\Phi_m \cos(\omega t + \alpha) + \Phi_m \cos\alpha + \Phi_r$$

式中，$\Phi_m = \frac{U_m}{\omega}$，$-\Phi_m \cos(\omega t + \alpha)$ 为稳态磁通，$\Phi_m \cos\alpha + \Phi_r$ 为暂态磁通或偏移量磁通。

当变压器铁芯不饱和时，励磁电流 $i_\mu = 0$；

当变压器铁芯饱和时，变压器铁芯在饱和区的电感 L 近似常量，则励磁电流为

$$i_\mu = \frac{-\Phi_m \cos(\omega t + \alpha) + \Phi_m \cos\alpha + \Phi_r - \Phi_s}{L} \tag{8-3-2}$$

$$= \frac{\Phi_\mathrm{m}}{L}\left[-\cos(\omega t+\alpha)+\cos\alpha+\frac{\Phi_\mathrm{r}-\Phi_\mathrm{s}}{\Phi_\mathrm{m}}\right] \qquad (8\text{-}3\text{-}3)$$

$$= \frac{U_\mathrm{m}}{\omega L}\left[-\cos(\omega t+\alpha)+\cos\alpha+\frac{B_\mathrm{r}-B_\mathrm{s}}{B_\mathrm{m}}\right] \qquad (8\text{-}3\text{-}4)$$

由于受变压器存在的励磁支路、两侧电流幅值及相位不同、两侧电流互感器特性的差异等因素的影响，变压器在正常运行和发生外部故障时，差动回路中会存在不平衡电流。不平衡电流产生原因及减轻和消除其影响的方法见表 8-3-1。

表 8-3-1　不平衡电流产生原因及减轻和消除其影响的方法

不平衡电流产生原因	减轻和消除方法
励磁涌流的影响	（1）速饱和变流器；
变压器两侧电流相位不同	（2）波形鉴别；
计算变比与实际变比不同	（3）二次谐波制动；
两侧电流互感器型号不同	（4）互感器的接法和变比
变压器带负荷调整分接头	（5）平衡线圈补偿

对于双绕组变压器，以 A 相为例，差动电流与制动电流方程式如下：

差动电流为

$$I_\mathrm{d}=\left|\dot{I}_{\mathrm{a\_m}}+\dot{I}_{\mathrm{a\_n}}\right|$$

制动电流为

$$I_\mathrm{res}=\frac{1}{2}\left|\dot{I}_{\mathrm{a\_m}}-\dot{I}_{\mathrm{a\_n}}\right|$$

为了简化模型，突出仿真结果，本仿真没有考虑变压器两侧绕组的接线方式及两侧电流互感器的电流比，但是在实际应用仿真过程中应该考虑。

三、实验内容与要求

（一）三相双绕组变压器的建模与仿真

双侧电源网络三相双绕组变压器在电力系统中的接线图如图 8-3-1 所示，双侧电源线电压为 35kV，相位相差 20°。建模时要注意：变压器两侧使用三相电压测量模块、电流测量模块各 1 个，这两个模块将变压器两侧电压信号和电流信号转变为 Simulink 信号，分别相当于电压互感器电流互感器的作用。调用 2 个三相断路器 QF 模块，用来控制变压器的投入。调用三相双绕组变压器模块，使变压器两侧的绕组接线方式相同、电压等级相同。调用 2 个故障模块分别用来仿真变压器保护区内故障和保护区外故障。搭建三相双绕组变压器在电力系统中的仿真模型如图 8-3-2 所示，变压器励磁涌流获得模块如图 8-3-3 所示。

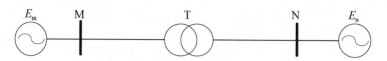

图 8-3-1　双侧电源网络三相双绕组变压器在电力系统中的接线图

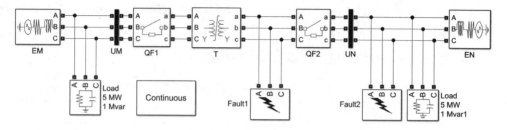

图 8-3-2　三相双绕组变压器在电力系统中的仿真模型

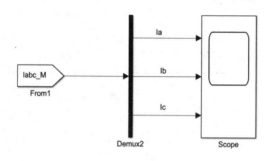

图 8-3-3　变压器励磁涌流获得模块

要求：

（1）变压器两侧绕组接线方式相同时，观察变压器空载合闸时的励磁涌流并进行谐波分析，比较此时的励磁涌流与短路电流。

（2）当变压器二次侧绕组改为"D11"接线时，分析变压器空载合闸时的励磁涌流。

（3）在不同合闸初相角情况下，对变压器空载合闸时的励磁涌流进行谐波分析，并把分析结果填到表 8-3-2。

表 8-3-2　在不同合闸初相角情况下对变压器空载合闸时的励磁涌流谐波分析结果

合闸初相角	0°			30°			60°			90°		
励磁涌流（%）	A相	B相	C相	A相	B相	C相	A相	B相	C相	A相	B相	C相
直流（DC）												
3次谐波（h2）												
4次谐波（h2）												
5次谐波（h2）												
6次谐波（h2）												
THD												

续表

合闸初相角	120°			150°			180°			210°		
励磁涌流（%）	A相	B相	C相	A相	B相	C相	A相	B相	C相	A相	B相	C相
直流（DC）												
3次谐波（h2）												
4次谐波（h2）												
5次谐波（h2）												
6次谐波（h2）												
THD												

（4）变压器保护区内和保护区外故障时比率制动仿真过程（选做）。

1. 主要模块的参数设置

（1）Three-Phase Source 模块：电源 EM、EN 两侧线电压为 35kV，相位相差 20°，其他参数为默认值。该模块的参数设置对话框如图 8-3-4 所示。

图 8-3-4　Three-Phase Source 模块的参数设置对话框

（2）Three-Phase VI Measurement 三相电压-电流测量模块：输出信号分别为 EM 侧"Vabc_M""Iabc_M"和 EN 侧"Vabc_N""Iabc_N"。该模块的参数设置对话框如图 8-3-5 所示。

（3）Three-Phase Breaker 模块参数设置：通过断路器控制变压器的投切，该模块的参数设置对话框如图 8-3-6 所示。

（4）Three-Phase Transformer (Two Windings)模块：变压器两侧绕组的参数设置成相同的，相关参数设置如图 8-3-7 所示。

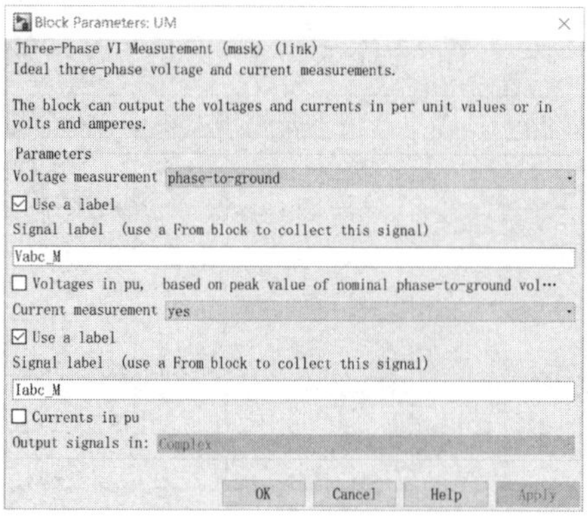

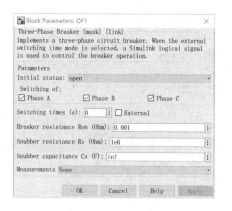

图 8-3-5　Three-Phase VI Measurement 模块的参数设置对话框　　　图 8-3-6　Three-Phase Breaker 模块的参数设置对话框

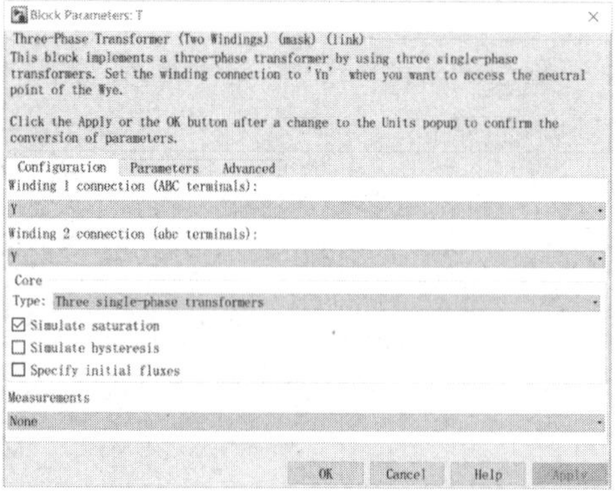

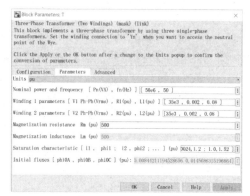

（a）Configuration 参数设置　　　　　　　　（b）Parameters 参数设置

图 8-3-7　Three-Phase Transformer (Two Windings)模块参数设置

（5）Fault 参数设置：对 Fault 1 和 Fault 2 设置不同的转换时间，把 Fault 2 的时间设置得较长，可取 Fault 1 时间的整数倍（5～10 倍），其他参数相同。其参数设置如图 8-3-8 所示。

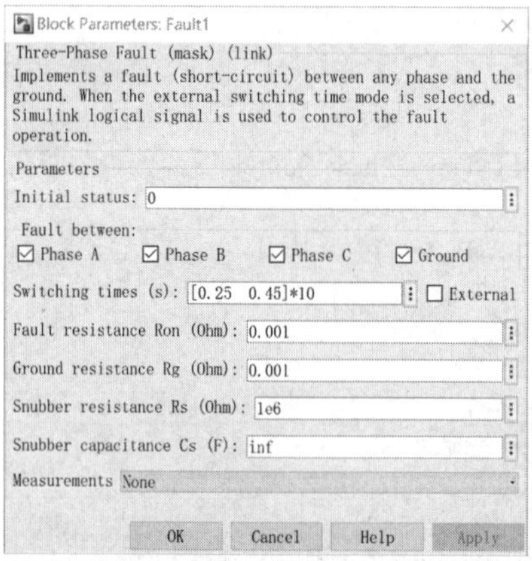

图 8-3-8　Fault1 参数设置

（6）运行仿真程序：仿真时间为 0.5s，算法为 Ode23t，设置仿真时间小于切换时间，Fault 1 和 Fault 2 在仿真中不动作。

（7）设置示波器模块：观察变压器空载合闸时的励磁涌流。变压器空载合闸后三相励磁涌流波形图如图 8-3-9 所示。

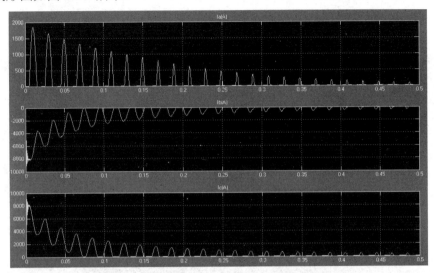

图 8-3-9　变压器空载合闸后三相励磁涌流波形图

（8）设置 Powergui 模块：调用 FFT Tolls 对励磁涌流进行谐波分析，如图 8-3-10 所示。

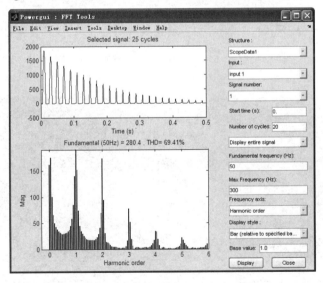

图 8-3-10　调用 FFT Tolls 对励磁涌流进行谐波分析

2. 参考波形

（1）利用仿真结果说明励磁涌流的特点。

① 含有大量的非周期分量，并且励磁涌流波形偏于时间轴的一侧。

② 含有大量的高次谐波。

③ 波形之间出现间断现象。

比较变压器空载合闸时的励磁涌流峰值与短路电流的值，设置 Fault1 故障模块参数，设定在 0.25～0.45s 发生三相短路，然后运行仿真程序。在本次仿真实验中，A 相空载合闸时的励磁涌流峰值比短路电流值稍小，而 B、C 相空载合闸时的励磁涌流峰值比短路电流值大。变压器空载合闸时的励磁涌流峰值与短路电流值比较波形图如图 8-3-11 所示。

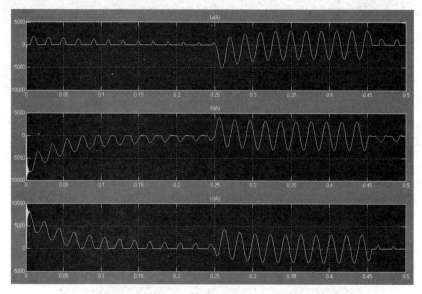

图 8-3-11　变压器空载合闸时的励磁涌流峰值与短路电流值比较波形图

（2）二次侧绕组改为"D11"接线方式后变压器空载合闸时的励磁涌流波形图，如图 8-3-12 所示。

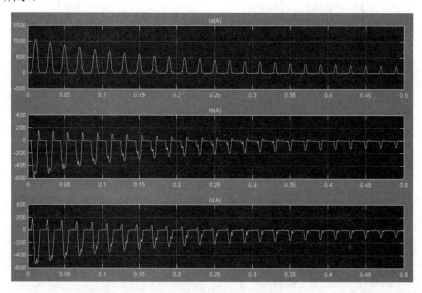

图 8-3-12　二次侧绕组改为"D11"接线方式后变压器空载合闸时的励磁涌流波形图

（二）变压器保护区内和保护区外发生故障时的比率制动仿真模型

变压器保护区内和保护区外发生故障时的比率制动仿真模型如图 8-3-13 所示。

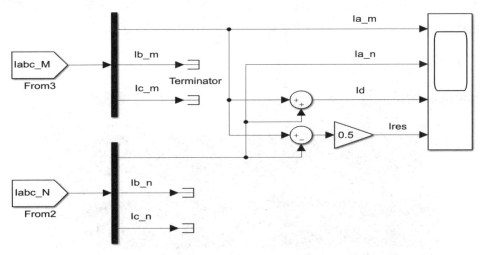

图 8-3-13　变压器保护区内和保护区外发生故障时的比率制动仿真模型

1. 主要模块的参数设置

（1）三相断路器模块 QF1 和 QF2 的切换时间均设置为 0，设置 Fault 1 参数，设定在 0.3～0.5s 发生短路，Fault 2 不动作，仿真时间设置为 0.8s。然后开始运行仿真程序，观察变压器保护区内发生故障时的电流波形图。如图 8-3-14 所示。从图中可以明显看出，差动电流远大于制动电流，说明保护装置能够可靠动作。

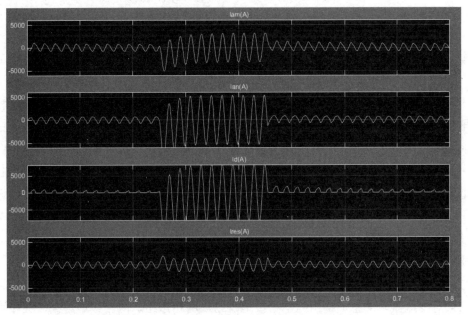

图 8-3-14　变压器保护区内发生故障时的电流波形图

（2）三相断路器模块 QF1 和 QF2 的切换时间均设置为 0，设置故障模块，使 Fault 2 在 0.3~0.5s 发生短路，此时 Fault 1 不动作，仿真时间设置为 0.8s。然后开始运行仿真程序，观察变压器保护区外发生故障时的电流波形图，如图 8-3-15 所示。从图中可以明显看出，制动电流远大于差动电流时，说明保护装置可靠制动，不动作。

2. 参考波形

相关仿真波形图如图 8-3-14 和图 8-3-15 所示。

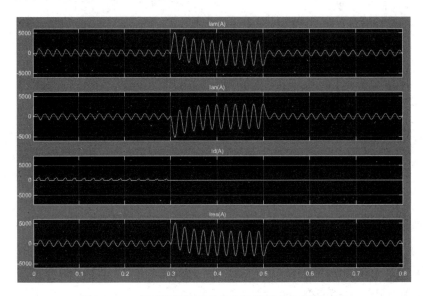

图 8-3-15　变压器保护区外发生故障时的电流波形图

（三）变压器绕组内部故障建模与仿真

本节对单相变压器绕组内部故障进行简单仿真，并搭建仿真模型，仿真模型如图 8-3-16 所示。可以采用 Saturable Transformer 模型，也可以根据需要采用 Linear Transformer 模型，对变压器参数选择"三绕组变压器"，从而构造出一个具有一次绕组、二次绕组的单相变压器，把两个二次绕组首尾相连，当作一个二次绕组用。一次绕组和二次绕组可按照三相变压器的接线组别进行连接，二次绕组的额定电压、电阻和电感的参数可灵活调整，以便进行变压器内部故障的仿真，故障点可设置在两个二次绕组的连接线上，也可设置在绕组首端。

把两个二次绕组的参数设置成相同的，把断路器模块 QF1 和 QF2 的切换时间均设置为 0s，故障模块 Fault 1 使电路在 0.3~0.5s 内发生 AB 相短路。此时，故障模块 Fault 2 不动作，然后运行仿真程序。

要求：

（1）分析变压器组 50%处发生两相短路故障时的电流波形。

（2）对变压器内部整个绕组的单相接地短路、两相短路、两相接地短路、三相短路故障进行仿真。

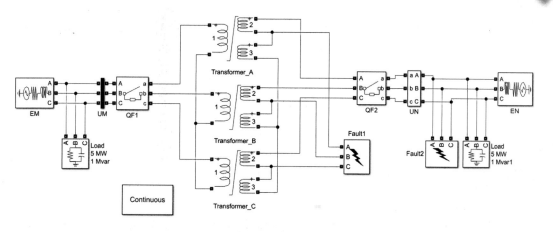

图 8-3-16　单相变压器内部故障仿真模型

1. 主要模块的参数设置

（1）Transformer 模块的两个参数设置对话框如图 8-3-17 所示。

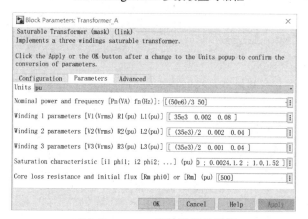

（a）Configuration 参数设置对话框

（b）Parameters 参数设置对话框

图 8-3-17　Transformer 模型两个参数设置对话框

（2）Fault 模块中的 Fault 1 和 Fault 2 的参数设置对话框分别如图 8-3-18 和图 8-3-19 所示。

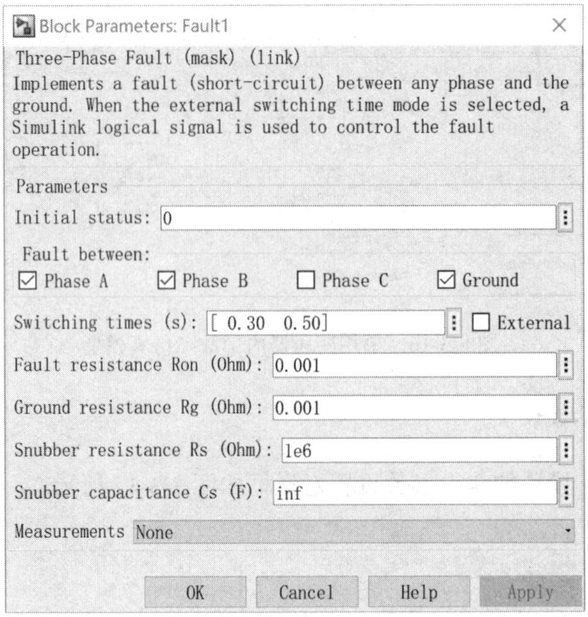

图 8-3-18　Fault 1 参数设置对话框

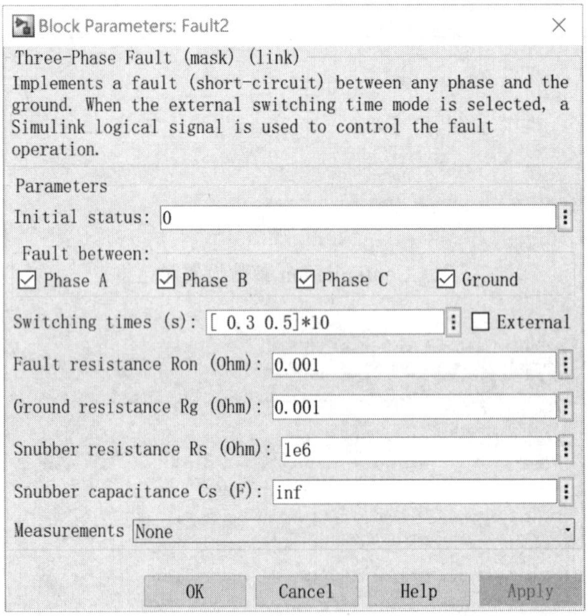

图 8-3-19　Fault 2 参数设置对话框

2. 参考波形

变压器绕组 50%处发生两相短路故障时的电流波形图如图 8-3-20 所示。

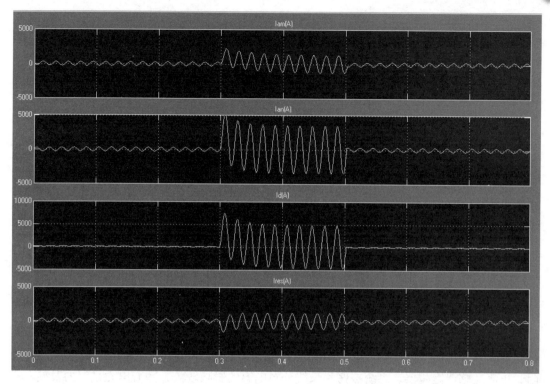

图 8-3-20 变压器绕组 50%处发生两相短路故障时的电流波形图

实验四　输电线路故障行波仿真

一、实验目的

（1）了解输电线路故障行波的基本概念。
（2）理解输电线路正向行波、反向行波的提取和计算方法。
（3）掌握输电线路故障行波的仿真方法。

二、实验原理

目前，在电力系统中广泛采用能反应工频电气量的继电保护装置。这些保护都是建立在利用工频电压、电流或由其组合的功率、阻抗等基础上实现的。基于工频电气量的保护稳定可靠、实现简便，在保证电力系统安全方面发挥了重要作用，但是这种保护受过渡电阻、电流互感器饱和器、系统振荡和长线分布电容的影响较大。随着电力系统的发展，基于工频电气量的保护在某些方面已不能满足现场的要求。例如，基于工频电气量的保护不能满足特高压长距离输电线路的要求，基于工频分量的输电线路故障测距精度差；基于工频电气量的小电流系统单相接地选线由于故障电流小、特征不明显且受系统正常运行时不平衡电流的影响，难以正确动作。

当输电线路发生故障时，电力系统中存在运动的电压行波和电流行波，这些暂态故障行波包含故障方向、故障距离等丰富的故障信息。与基于工频电气量的保护相比，基于行波电气量的继电保护具有不受过渡电阻、电流互感器饱和器、系统振荡和长线分布电容影响等优点。基于行波电气量的故障测距技术在输电线路故障测距中取得了巨大成功，基于行波电气量的小电流系统单相接地故障选线也取得了重大突破。本节在简要介绍故障行波基本概念的基础上，重点介绍利用故障行波的仿真方法。

行波的基本概念如下：

当输电线路上的某点 F 发生故障时，可利用叠加原理分析故障产生的行波，如图 8-4-1 所示。这时图 8-4-1（a）与图 8-4-1（b）等效，而图 8-4-1（b）又可视为正常负荷分量 [图 8-4-1（c）]和故障分量[图 8-4-1（d）]二者的叠加。由于行波保护不反应正常负荷分量，因此可以对故障分量进行单独讨论。由图 8-4-1（d）可知，故障分量可看作系统电动势为零时在故障点 F 施加一个与该点正常负荷状态大小相等、方向相反的电压。在这一电压的作用下，将产生从故障点 F 向线路两端传播的行波。

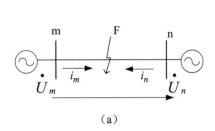
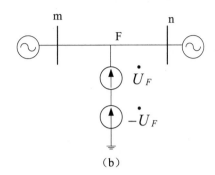
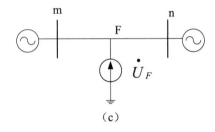
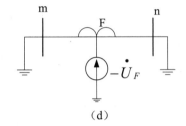

图 8-4-1 利用叠加原理分析故障产生的行波

如果将单根无损线路上的分布参数电压 u 和电流 i，分别用其在线路上的位置 x 和时间 t 表示，那么以 x 和 t 为变量的偏微分方程为

$$-\frac{\partial u}{\partial x} = L\frac{\partial i}{\partial t}$$

$$-\frac{\partial i}{\partial x} = C\frac{\partial u}{\partial t}$$

式中，L、C 分别为单位线路长度的电感和对地电容。

将其分别对 x、t 进行微分，经变换可得到波动方程：

$$\frac{\partial^2 u}{\partial x^2} = LC\frac{\partial^2 u}{\partial t^2}$$

$$\frac{\partial^2 i}{\partial x^2} = LC\frac{\partial^2 i}{\partial t^2}$$

其达朗贝尔（D'Alembert）解为

$$u = u_1\left(t - \frac{x}{v}\right) + u_2\left(t + \frac{x}{v}\right)$$

$$i = \frac{1}{Z_c}\left[u_1\left(t - \frac{x}{v}\right) + u_2\left(t + \frac{x}{v}\right)\right]$$

式中，$u_1\left(t - \frac{x}{v}\right)$ 为沿 x 正方向传播的前行波；$u_1\left(t + \frac{x}{v}\right)$ 为沿 x 反方向传播的反行波；$v = \frac{1}{\sqrt{LC}}$ 为行波的传播速度；$Z_c = \sqrt{\frac{L}{C}}$，表示波阻抗。

在三相输电线路中，由于各相之间存在耦合，因此每相上的行波分量并不独立。为此，首先需要对行波分量进行相模变换，将三相不独立的相分量转换为相互独立的模分量，然后再利用模量行波实现行波保护的相应功能。

相模变换可通过克拉克（Clarke）变换或凯伦贝尔（Karenbauer）变换实现。若利用克拉克变换，则有

$$\begin{pmatrix} u_\alpha \\ u_\beta \\ u_0 \end{pmatrix} = \frac{1}{3} \begin{pmatrix} 2 & -1 & -1 \\ 0 & \sqrt{3} & -\sqrt{3} \\ 1 & 1 & 1 \end{pmatrix} \begin{pmatrix} u_a \\ u_b \\ u_c \end{pmatrix} \tag{8-4-1}$$

$$\begin{pmatrix} i_\alpha \\ i_\beta \\ i_0 \end{pmatrix} = \frac{1}{3} \begin{pmatrix} 2 & -1 & -1 \\ 0 & \sqrt{3} & -\sqrt{3} \\ 1 & 1 & 1 \end{pmatrix} \begin{pmatrix} i_a \\ i_b \\ i_c \end{pmatrix} \tag{8-4-2}$$

式中，u_a、u_b、u_c 分别为输电线路上的三相电压行波分量；u_α、u_β、u_0 分别为电压行波的 α、β、0 模分量；i_a、i_b、i_c 分别为输电线路上的三相电流行波分量；i_α、i_β、i_0 分别为电压行波的 α、β、0 模分量。

因此，方向行波的模量可表示为

$$\begin{cases} S_{1\alpha} = u_\alpha + i_\alpha Z_\alpha \\ S_{1\beta} = u_\beta + i_\beta Z_\beta \\ S_{10} = u_0 + i_0 Z_0 \end{cases} \tag{8-4-3}$$

$$\begin{cases} S_{2\alpha} = u_\alpha - i_\alpha Z_\alpha \\ S_{2\beta} = u_\beta - i_\beta Z_\beta \\ S_{20} = u_0 - i_0 Z_0 \end{cases} \tag{8-4-4}$$

式中，$S_{1\alpha}$、$S_{1\beta}$、S_{10} 分别为正方向行波的 α、β、0 模分量；$S_{2\alpha}$、$S_{2\beta}$、S_{20} 分别为反方向行波的 α、β、0 模分量；Z_α、Z_β、Z_0 分别为 α、β、0 模分量行波对应的波阻抗。

三、实验内容与要求

以 1 个由 3 个电源和 4 段分布参数输电线路构成的环形电网作为输电线路故障行波仿真平台，搭建仿真模型，仿真模型图如图 8-4-2 所示。采用 3 个电源组成环网供电，电源相电动势为 500kV，电源 E1、E2、E3 的 A 相电动势初相位差分别为 0°、30°、60°，其他参数设置为相同的。线路 Line1、Line2、Line3、Line4 的长度分别为 100km、100km、150km、260km，其他参数的设置与 Line1 相同。三相电压-电流测量模块将测量到的电压、电流信号输送到示波器模块进行显示，并通过"To File"模块转变成 M 文件格式。

要求：

（1）通过仿真获取检测点的三相电压、三相电流波形，与输电线路发生 A 相接地故障后的电压、电流特征进行比较，验证仿真模型的正确性。

（2）从仿真得到的三相电压、电流数据中提取电压 α 模正向行波和反向行波。仿真模型对输电线路故障进行仿真后，在 MATLAB 的 work 子目录下就会得到以变量形式存储的

三相电压和三相电流数据文件 xingbo.mat。根据该数据，就可以提取故障发生时的正向行波和反向行波。提取方法如下：

① 提取三相电压和三相电流的暂态量，用故障后一段时间内的三相电压值、三相电流值减去故障前相应的时间内的三相电压值、三相电流值，就得到了三相电压、三相电流的暂态量。

② 利用式（8-4-1）和式（8-4-2）将三相电压、三相电流的暂态量进行克拉克变换，得到电压和电流的 α、β、0 模分量值。

③ 利用式（8-4-3）和式（8-4-4）计算正向行波和反向行波的 α、β、0 模分量。

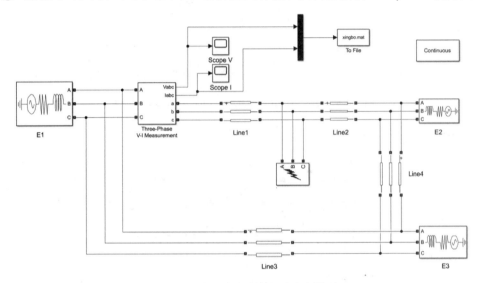

图 8-4-2　输电线路故障行波仿真模型

四、主要模块的参数设置

（1）Three-Phase Source 模块的参数设置对话框如图 8-4-3 所示。

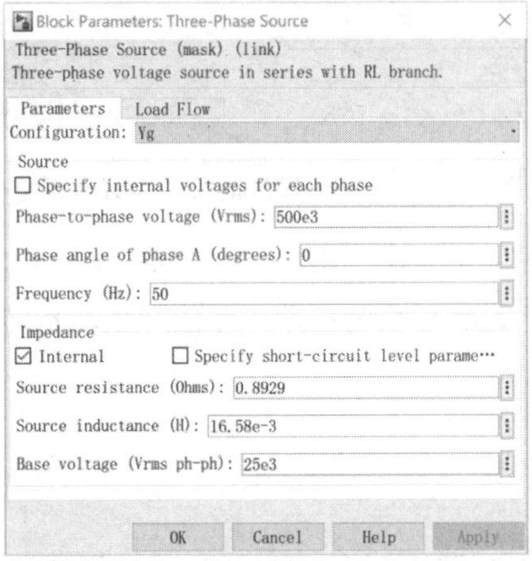

图 8-4-3　Three-Phase Source 模块的参数设置对话框

(2) Distributed Parameters Line 分布参数模块的参数设置对话框如图 8-4-4 所示。

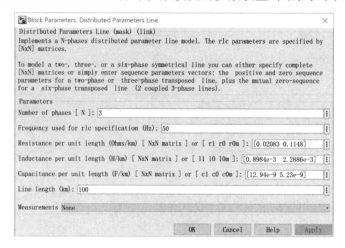

图 8-4-4 Distributed Parameters Line 参数设置对话框

(3) To File 模块的参数设置对话框如图 8-4-5 所示。

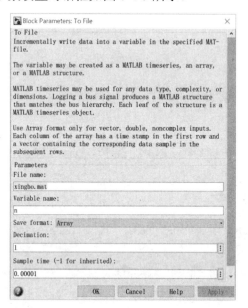

图 8-4-5 To File 模块的参数设置对话框

(4) 运行仿真程序。设置仿真的起止时间分别为 0.0s 和 0.10s，采用变步长 Ode23tb 算法。在三相线路故障模块，设置 A 相为接地短路故障相，把转换时间（Transition times）设置为[0.035 0.100]。

五、参考程序与波形

仿真之后，运用 MATLAB 语言编程，可以求出正向行波和反向行波并绘制出相应的波形图（见图 8-4-6～图 8-4-8）。相应的 M 文件如下：

```
%--------程序名：xingbotiqu.m-------------------
%提取故障发生时正向行波和反向行波的示例程序
%本程序计算的是α模分量
%仿真模型在 0.035s 时发生故障，故障分量取为
%从故障后的 0.035s～0.039s 减去故障前的 0.015s～0.019s
clc
clear
close all
load xingbo.mat;            %载入.mat 文件
m=n';
ua=m(3501:3900,2)-m(1501:1900,2);
ia=m(3501:3900,5)-m(1501:1900,5);
ub=m(3501:3900,3)-m(1501:1900,3);
ib=m(3501:3900,6)-m(1501:1900,6);
uc=m(3501:3900,4)-m(1501:1900,4);
ic=m(3501:3900,7)-m(1501:1900,7);
Q=1/3*[   2    -1       -1
          0   sqrt(3) -sqrt(3)
          1    1        1];
um1=Q(1,:)*[ua ub uc]';
im1=Q(1,:)*[ia ib ic]';     %进行 Clarke 变换得到电压、电流的模量
Lm1=0.8984e-3;
Cm1=12.94e-9;
Zcm1=sqrt(Lm1/Cm1);         %求波阻抗
uf=(um1+im1*Zcm1);
ur=(um1-im1*Zcm1);          %求出正反向行波
uf1=uf';
ur1=ur';
t1=0:10:3990;
t=t1';
plot(t, uf1, 'r', t, ur1, 'b--');
xlabel('t/us'); ylabel('u/V');
Legend('正向行波','反向行波', 'location','northwes'); %Legend 位置在左上角(西北方)
%title('电压1模正向行波和反向行波')
```

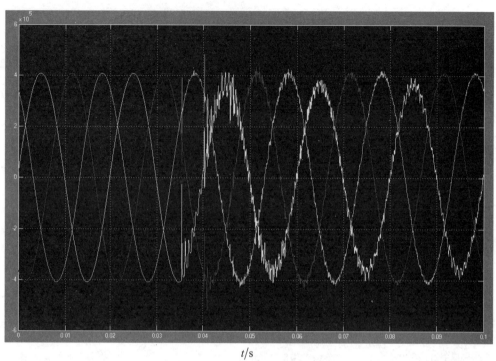

图 8-4-6　检测点的三相电压波形

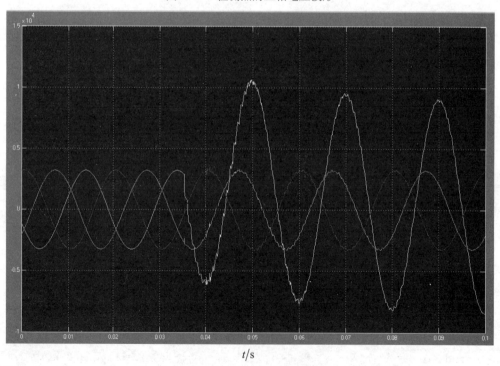

图 8-4-7　检测点的三相电流波形

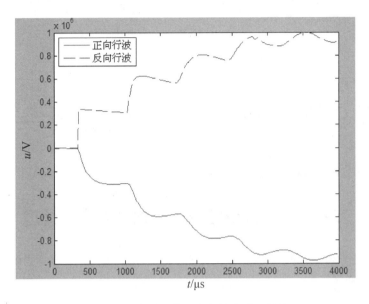

图 8-4-8 电压 α 模正向行波和反向行波

六、注意事项

当前,行波极性、大小、折射、反射系数等各种故障信息的提取大多数应用小波变换这一数学工具,可自行参阅相关文献,深入研究。

第 9 章　变电站虚拟仿真实验

实验一　二次侧熔丝熔断仿真与事故处理

一、实验简介

在电气设备的高低压侧经常采用熔丝（片）进行保护。运行中熔丝（片）的熔断经常发生，若不认真分析原因就换上新的熔丝（片），则会误将有故障的电气设备重新投运，其结果可能是设备烧损得更加严重，进一步扩大事故范围，甚至造成大面积停电以及重大财产损失和人员伤亡。因此，判明熔丝（片）熔断的原因，正确地加以处理，是保证电气设备安全运行的重要措施。

当变电站发生故障时，在处理过程中，要坚持"保人身、保设备、保电网"的原则。应迅速限制事故的发展，解除对人身和设备的威胁，并尽快恢复对已停电用户的供电。事故处理必须按照调度指令进行，发生危及人身、设备安全的事故时，应按有关规定进行处理。

通过软件实现变电站的故障检修培训流程，实现变电站设备工作状态、故障状态的现象虚拟仿真。进行变电站的正常巡检，并模拟变电站设备容易出现的一些故障。让学生能够根据不同的故障现象进行检测排查以及设备维护，快速掌握实际变电站的工作情况，以便能够尽快地适应工作岗位。

二、实验原理

（1）及时检查并记录保护及自动装置的动作信号。

（2）迅速对故障范围内的一/二次设备进行外部检查，并将检查情况向调度及主管领导汇报。

（3）根据调度指令采取措施，限制事故的发展，恢复对无故障部分的供电。隔离故障设备，排除故障，尽快恢复供电。

（4）将事故处理的全过程做好记录，并详细向调度汇报保护及自动装置的动作情况、电压及负荷变化情况、设备异常情况，以及运行方式、天气情况等。

三、实验仪器

(1) 主控制台如图 9-1-1 所示。

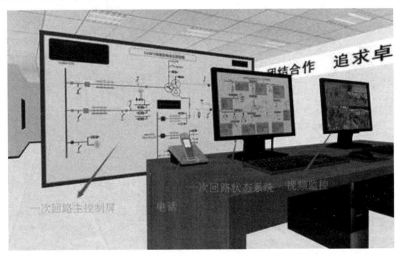

图 9-1-1 主控制台

(2) 控制及保护柜组如图 9-1-2 所示。

图 9-1-2 控制及保护柜组

控制及保护柜组分别为 35kV 线路保护测控及公用测控柜、110kV 主变测控柜、110kV 主变保护柜、110kV 线路保护测控柜、110kV 母线保护柜、10kV 开关控制柜、蓄电池组及控制柜。

(3) 现场设备。进入现场时,需要戴安全帽、穿绝缘胶鞋、使用绝缘手套、携带工具包。安全防护如图 9-1-3 所示。

图 9-1-3　安全防护

四、实验步骤

（一）生成"二次侧熔丝熔断仿真与事故处理"实训内容

在菜单中单击"实训科目"，选择"二次侧熔丝熔断仿真与事故处理"，如图 9-1-4 所示。

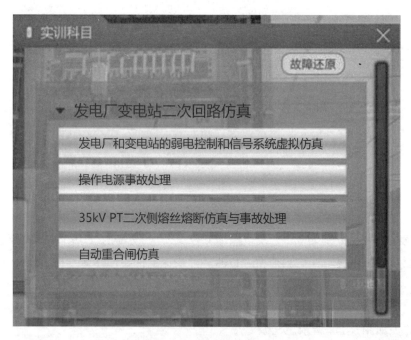

图 9-1-4　实训科目选择

（二）"电流互感器二次侧开路后处理"内容

1. 故障现象

（1）电流回路仪表指示异常，一般是指示值降低或为零。用于测量表计的电流回路开路，会使三相电流表的指示不一致、计量表计转速缓慢或不转。若测量表计指示时有时无，则可能处于半开路状态（接触不良）。

（2）电流互感器存在噪声、振动不均匀、严重发热、冒烟等现象，当然这些现象在负荷小时表现并不明显。电流互感器二次回路端子、元件线头有放电、打火现象。部分故障现象如图 9-1-5 所示。

图 9-1-5 故障现象

2. 故障处理

（1）发现电流互感器二次回路开路，要先分清是哪一组电流回路发生故障、开路的相别、对保护有无影响，然后把情况向调度汇报，解除有可能误动的保护。

（2）尽快设法在就近的实验端子上，用良好的短接线按图样将电流互感器二次回路短路，再检查并处理开路点。

（3）在故障范围内，应检查容易发生故障的端子和元件。对检查出的故障，能自行处理的，如接线端子等外部元件松动、接触不良等，应立即处理后投入所退出的保护。若开路点在电流互感器本体的接线端子上，则应停电处理。不能自行查明故障原因时，应将情况向有关领导汇报，由有关领导派人检查处理（先将电流互感器二次回路短路）。

（4）在短接故障电流互感器的实验端子时，操作人员应穿绝缘靴，带好绝缘手套，使用绝缘良好的工具。

① 进入现场前，操作人员应穿绝缘靴，带好绝缘手套，使用绝缘良好的工具。

② 查找故障，如图 9-1-6 所示。

图 9-1-6 查找故障

③ 向调度及有关领导汇报故障情况,如图 9-1-7 所示。

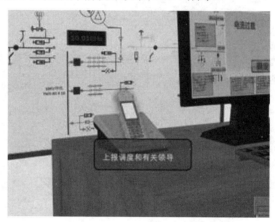

图 9-1-7 向调度及有关领导汇报故障情况

④ 对故障线路进行停电处理,如图 9-1-8 所示。

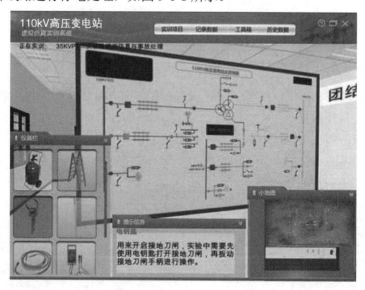

图 9-1-8 对故障线路进行停电处理

⑤ 对故障线路使用接地线进行接地防护（刀闸接地），如图 9-1-9 所示。

图 9-1-9　刀闸接地

⑥ 用单击损坏的电流互感器选项，进行在线修复。

⑦ 拆除故障线路的接地线，断开接地刀闸；再次单击仪器栏中的接地线，拆除接地线；断开故障线路接地刀闸，并拔掉电钥匙，如图 9-1-10 所示。

图 9-1-10　刀闸断开

⑧ 恢复故障线路供电，如图 9-1-11 所示。

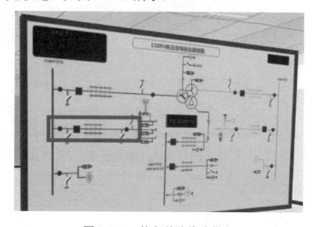

图 9-1-11　恢复故障线路供电

（三）"电压互感器二次侧熔丝熔断故障"实训内容

1. 故障现象

（1）仪表指示 35kV 线路电压值为 0V。
（2）断路器正常运行。
分析原因：电压互感器对应的二次回路断线。

2. 故障处理

（1）测量 35kV 二次回路熔丝电压。单击熔丝上方接线和下方接线选项，界面显示万用表测量线连接到熔丝上，熔丝熔断时，两端电压为 100V，如图 9-1-12 所示。

图 9-1-12　测量 35kV 二次回路熔丝电压

（2）更换损坏的熔丝。单击熔丝选项，更换损坏的熔丝，如图 9-1-13 所示。

图 9-1-13　更换损坏的熔丝

（四）记录实验数据

完成实训内容，如图 9-1-14 所示。

第 9 章　变电站虚拟仿真实验

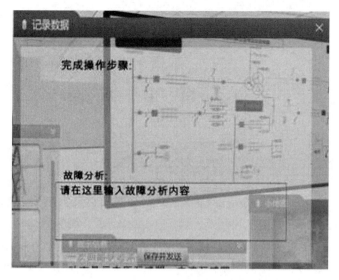

图 9-1-14　完成实训内容

实验二 自动重合闸仿真

一、实验简介

自动重合闸是一种可以把因故障跳闸后的断路器按需要自动投入电力系统的自动装置。当线路出现故障，继电保护使断路器跳闸后，自动重合闸经短时间间隔后使断路器重新合上。在大多数情况下，线路故障（如雷击、风害等）是暂时性的，断路器跳闸后线路的绝缘性能（绝缘子和空气间隙）能得到恢复，再次重合能成功，这就提高了电力系统供电的可靠性。在少数情况下线路故障属永久性故障，自动重合闸动作后依靠继电保护动作再跳闸。此时，需要查明原因，予以排除后再送电。

在处理故障过程中，要坚持"保人身、保设备、保电网"的原则。应迅速限制事故的发展，解除对人身和设备的威胁，并尽快恢复对已停电用户的供电。事故处理必须按照调度指令进行；有危及人身、设备安全的事故时，应按有关规定进行处理。

通过软件实现变电站的故障检修培训流程，实现变电站设备工作状态、故障状态的现象虚拟仿真。进行变电站的正常巡检，并模拟变电站设备容易出现的一些故障。让学生能够根据不同的故障现象进行原因检测排查以及设备维护，快速掌握实际变电站的工作情况，以便能够尽快地适应工作岗位。

二、实验原理

（1）及时检查并记录保护及自动装置的动作信号。

（2）迅速对故障范围内的一/二次设备进行外部检查，并将检查情况向调度及主管领导汇报。

（3）根据调度指令采取措施，限制事故的发展，恢复对无故障部分的供电。隔离故障设备，排除故障，尽快恢复供电。

（4）将事故处理的全过程做好记录，并详细向调度汇报保护及自动装置的动作情况、电压及负荷变化情况、设备异常情况，以及运行方式、天气情况等。

三、实验仪器

本实验使用与本章实验一相同的实验操作台。

四、实验步骤

（1）生成"自动重合闸仿真"实训内容。在菜单单击"实训科目"选项，选择"自动重合闸仿真"选项，如图 9-2-1 所示。

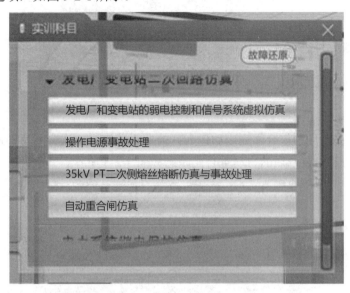

图 9-2-1　选择"实训科目"选项

（2）故障现象。如果自动重合闸投入使用时母线出现异常情况，断路器自动断开，延时一段时间后（为便于观察，延时时间一般设置为 5s），再次自动闭合断路器，恢复线路工作；当重合闸控制线路异常时，重合闸不工作。例如，风筝掉落到母线上也会使母线出现异常，断路器自动断开，如图 9-2-2 所示；当风筝掉落到地面时，断路器闭合，如图 9-2-3 所示。

图 9-2-2　风筝掉落母线

图 9-2-3　风筝掉落地面

主控室断路器完成自动重合闸，如图 9-2-4 所示。

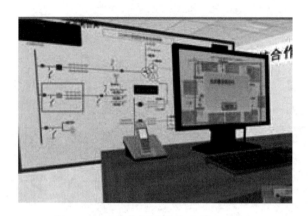

图 9-2-4　主控室断路器完成自动重合闸

（3）故障解决。自动重合闸完成动作后，需要手动进行一次合闸复归操作。单击自动重合闸"复归按钮"，复归后的自动重合闸状态如图 9-2-5 所示。

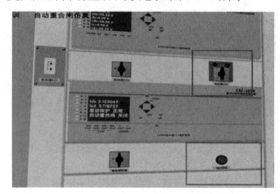

图 9-2-5　复归后的自动重合闸状态

记录实验数据，完成实训内容。

实验三　变压器差动保护虚拟仿真

一、实验简介

变压器的差动保护是变压器的主保护，是按循环电流原理装设的，主要用来保护双绕组或三绕组变压器的绕组内部及其引出线上发生的各种相间短路故障，同时也可以用来保护变压器单相匝间短路故障。在绕组变压器的两侧均装设电流互感器，其二次侧按循环电流法接线，如果两侧电流互感器的同级性端都朝向母线侧，就将同级性端子相连接，并在两条接线之间并联电流继电器。

在处理故障过程中，要坚持"保人身、保设备、保电网"的原则。应迅速限制事故的发展，解除对人身和设备的威胁，并尽快恢复对已停电用户的供电。事故处理必须按照调度指令进行；有危及人身、设备安全的事故时，应按有关规定进行处理。

通过软件实现变电站的故障检修培训流程，实现电站设备工作状态、故障状态的现象虚拟仿真。进行电站的正常巡检，并模拟电站设备容易出现的一些故障。让学生能够根据不同的故障现象进行检测排查以及设备维护，快速掌握实际电站的工作情况，以便能够尽快地适应工作岗位。

二、实验原理

（1）及时检查并记录保护及自动装置的动作信号。

（2）迅速对故障范围内的一/二次设备进行外部检查，并将检查情况向调度及主管领导汇报。

（3）根据调度指令采取措施，限制事故的发展，恢复对无故障部分的供电。隔离故障设备，排除故障，尽快恢复供电。

（4）将事故处理的全过程做好记录，并详细向调度汇报保护及自动装置的动作情况、电压及负荷变化情况、设备异常情况，以及运行方式、天气情况等。

三、实验仪器

本实验使用与本章实验一相同的实验操作台。

四、实验步骤

1. 生成"变压器差动保护虚拟仿真"处理故障

在菜单单击"实训科目"选项,选择"变压器差动保护虚拟仿真"选项,如图 9-3-1 所示。

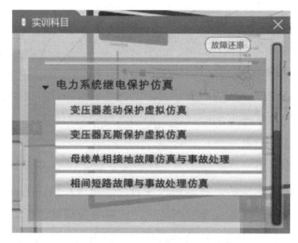

图 9-3-1 选择"实训科目"

2. 故障现象

(1)发出告警。

(2)变压器两侧断路器跳闸(延时时间设置为 5s)。

(3)主控室柜高压侧和中压侧的红灯闪烁。

(4)110kV 主变差动保护装置屏上显示"差动保护动作"。

(5)主变压器上瓷绝缘上闪电、损坏等。部分故障现象如图 9-3-2 所示。

图 9-3-2 部分故障现象

3. 故障处理

1）将故障情况向调度和有关领导汇报

在现场检查变压器外观有无异常现象，变压器两侧高压开关柜里的电流互感器二次回路有无开路（检查变压器有无异常时，务必站在图 9-3-3 中框线所示区域内）。

图 9-3-3　检查变压器异常时的安全区域

然后回到主控制室，单击计算机桌面上的手机图标，完成汇报工作，如图 9-3-4 所示。

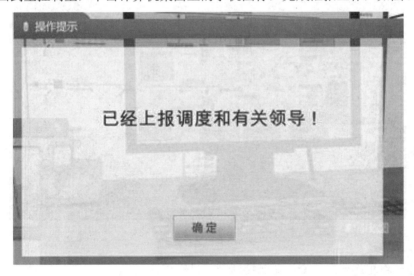

图 9-3-4　完成汇报工作

2）在主控屏上进行断电操作断电，在现场把相应刀闸接地

在主控屏上断开连接主变压器三侧的隔离开关（在控制屏上单击图 9-3-5 中的隔离开关和组合开关），如图 9-3-5 所示。

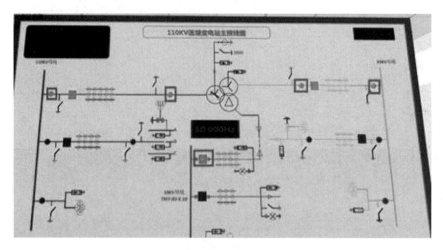

图 9-3-5 在主控屏上进行断电操作

在线刀闸接地操作步骤：先在菜单中单击工具箱，选择"钥匙"和"接地线"图标；然后在仪器栏中单击"钥匙"图标，如图 9-3-6 所示。

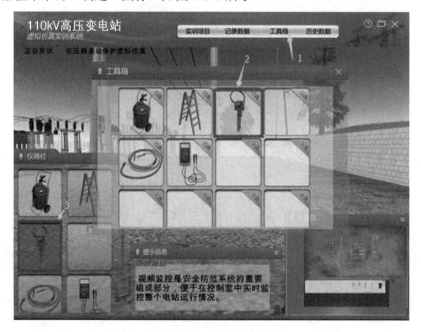

图 9-3-6 工具选择

最后逐一将相连接的主变压器侧接地刀闸进行接地（共 4 个，35kV 母线侧 2 个，110kV 母线侧 2 个），如图 9-3-7 所示。

3）接地线接地

在仪器栏中单击"接地线"图标，进行接地（对 110kV 母线和 35kV 母线两边接地线都进行接地）。注：如果在仪器栏中没有"接地线"图标，请先在菜单中"工具箱"中选择"接地线"选项，然后才可以在仪器栏中出现"接地线"图标。

图 9-3-7 刀闸接地

4）主变压器刀闸（接地刀闸）接地

先将"电机启动"开关（就是打开方向按钮）置于右侧，然后操作分合闸才有动作，如图 9-3-8 所示。

图 9-3-8 主变压器刀闸接地

5）更换主变压器的绝缘子

走到主变压器前，将光标移到损坏的绝缘子上，然后单击，即可更换绝缘子，如图 9-3-9 所示。

图 9-3-9 更换主变压器的绝缘子

6）恢复供电

（1）接地刀闸分闸。走到接地刀闸箱前，先单击分闸按钮，再单击"电机开关"，如图 9-3-10 所示。

图 9-3-10　接地刀闸分闸

（2）拆除接地线。再次单击仪器栏中的"接地线"图标，进行接地线拆除操作。

（3）把相应母线的接地刀闸断开。拆除接地线后，断开接地刀闸；依次将接地的刀闸断开，单击接地刀闸的"把手"及"断开刀闸"图标，如图 9-3-11 所示。

图 9-3-11　母线接地刀闸分闸

（4）在主控室的主控屏上将断开的主变压器三侧开关闭合，单击主变压器三侧开关，接通电路；然后，在监控屏上观察接通后的电压和电流信息。恢复供电操作如图 9-3-12 所示。

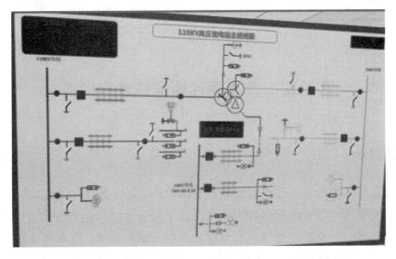

图 9-3-12　恢复供电操作

7）复归报警信号

单击主控室 35kV 机柜的复归按钮，警报声消失，如图 9-3-13 所示。

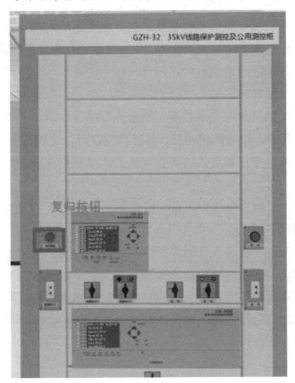

图 9-3-13　复归报警信号

8）记录故障分析结果

完成实训内容。

实验四　变压器瓦斯保护虚拟仿真

一、实验简介

变压器的瓦斯保护是变压器内部故障的主保护，对变压器匝间和层间短路、铁芯故障、套管内部故障、绕组内部断线及绝缘劣化和油面下降等故障均能灵敏动作。当油浸式变压器的内部发生故障时，电弧使绝缘材料分解并产生大量的气体。这些气体从油箱向油枕流动，其强烈程度随故障的严重程度的不同而不同，对这种气流与油流做出反应而动作的保护称为瓦斯保护，也称气体保护。在瓦斯继电器内，上部是一个密封的浮筒，下部是一块金属挡板，两者都装有密封的水银接点。浮筒和金属挡板可以围绕各自的轴旋转。在正常运行时，瓦斯继电器内充满油，浮筒浸在油内，处于上浮状态，水银接点断开；金属挡板则由于自身质量而下垂，其水银接点也是断开的。当变压器内部发生轻微故障时，在气体产生的速度较缓慢，在气体上升至储油柜过程中，气体首先积存在瓦斯继电器的上部空间，使油面下降，浮筒随之下降而使水银接点闭合，接通延时信号，这就是所谓的"轻瓦斯"；当变压器内部发生严重故障时，则产生强烈浓度的气体，油箱内的压力瞬时突增，产生很大的油流，冲击油枕；油流冲击金属挡板，挡板克服弹簧的阻力，带动磁铁向弹簧触点方向移动，使水银触点闭合，接通跳闸回路，使断路器跳闸，这就是所谓的"重瓦斯"。重瓦斯保护动作，立即切断与变压器连接的所有电源，从而避免事故扩大，起到保护变压器的作用。

在处理故障过程中，要坚持"保人身、保设备、保电网"的原则。应迅速限制事故的发展，解除对人身和设备的威胁，并尽快恢复对已停电用户的供电。事故处理必须按照调度指令进行；有危及人身、设备安全的事故时，应按有关规定进行处理。

通过软件实现变电站的故障检修培训流程，实现变电站设备工作状态、故障状态的现象虚拟仿真。进行变电站的正常巡检，并模拟变电站设备容易出现的一些故障。让学生能够根据不同的故障现象进行原因检测排查以及设备维护，快速掌握实际变电站的工作情况，以便能够尽快地适应工作岗位。

二、实验原理

（1）及时检查并记录保护及自动装置的动作信号。

（2）迅速对故障范围内的一/二次设备进行外部检查，并将检查情况向调度及有关领导汇报。

(3) 根据调度指令采取措施,限制事故的发展,恢复对无故障部分的供电。隔离故障设备,排除故障,尽快恢复供电。

(4) 将事故处理的全过程做好记录,并详细向调度汇报保护及自动装置的动作情况、电压及负荷变化情况、设备异常情况,以及运行方式、天气情况等。

三、实验仪器

本实验使用与本章实验一相同的实验操作台。

四、实验步骤

（一）生成"变压器瓦斯保护虚拟仿真"处理故障

在菜单中单击"实训科目",选择"变压器瓦斯保护虚拟仿真"选项,如图 9-4-1 所示。

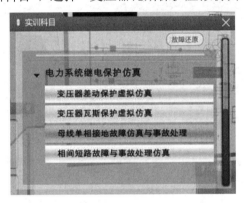

图 9-4-1　"实训科目"选择

（二）变压器轻瓦斯动作处理

1. 故障现象

(1) 瓦斯告警器响,变压器瓦斯保护动作。
(2) 变压器释放缓慢有毒气体。

故障现象如图 9-4-2 所示。

图 9-4-2　故障现象

2. 故障处理

（1）进入现场前，操作人员应穿绝缘靴，带好绝缘手套，使用绝缘良好的工具。

（2）立即对变压器进行全面检查，如图9-4-3所示。

图9-4-3 检查变压器

① 检查瓦斯保护的二次回路和瓦斯继电器的接线柱及引出线的绝缘情况。

② 检查变压器的油位、油色、油温有无变化。

③ 检查变压器油枕及变压器压力释放机构是否动作、有无喷油现象、变压器外壳有无变形。

④ 检查是否因大量漏油使油面迅速下降或大修后油中分离出气体太快。

⑤ 瓦斯继电器中若积聚了气体，试收集瓦斯继电器内的气体和油中溶解气体，并对其进行色谱分析。根据色谱分析结果，进行判断和处理。色谱分析如图9-4-4所示。

图9-4-4 色谱分析

⑥ 在主控屏上断开主变压器三侧的断路器，如图9-4-5所示。

⑦ 瓦斯保护动作跳闸后，应停止冷却器的运行，避免把故障部位产生的碳粒和金属微粒扩散到各处。

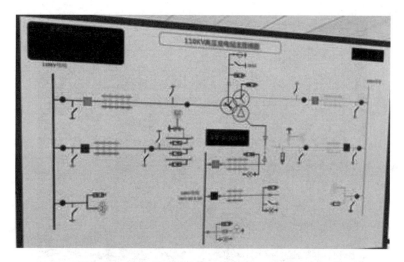

图 9-4-5　在主控屏上断开主变压器三侧的断路器

（3）将情况向调度、有关领导、厂总工程师汇报，请求他们同意投入备用变压器运行，如图 9-4-6 所示。

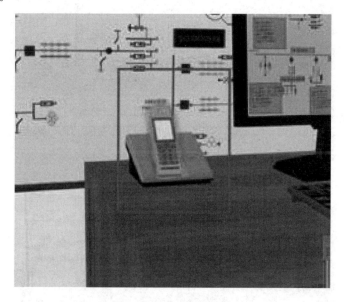

图 9-4-6　完成汇报工作

（4）记录检查结果，分析故障原因。

（三）重瓦斯保护动作跳闸后的检查处理

1. 故障现象

（1）变压器出现较严重的漏油并释放有毒气体，如图 9-4-7 所示。
（2）瓦斯告警器响，变压器瓦斯保护动作，主变压器三侧断路器自动跳闸，如图 9-4-8 和图 9-4-9 所示。

图 9-4-7 变压器出现较严重的漏油并释放有毒气体

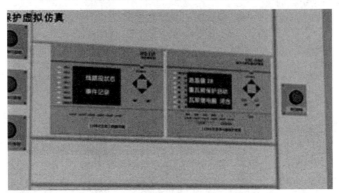

图 9-4-8 变压器瓦斯保护动作

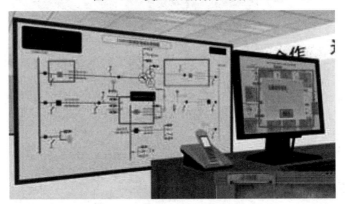

图 9-4-9 主变压器三侧断路器自动跳闸

2. 故障处理

（1）立即对变压器进行全面检查，步骤与轻瓦斯处理相同。

（2）将情况向调度、有关领导、厂总工程师汇报，请求他们同意投入备用变压器运行，如图 9-4-10 所示。

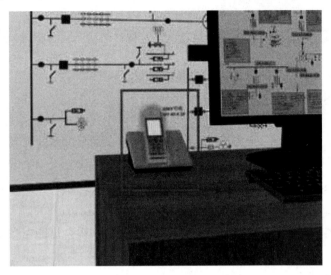

图 9-4-10 完成汇报工作

（3）投入备用变压器运行。
（4）记录检查结果，分析故障原因。

实验五　母线单相接地故障仿真与事故处理

一、实验简介

母线单相接地是一种常见的临时性故障,多发生在潮湿、多雨天气。发生母线单相接地后,故障相的对地电压降低,无故障两相的相电压升高,但线电压却依然对称。对110kV及以上电网,一般采用大电流接地方式,即中性点有效接地方式(在实际运行中,为降低母线单相接地电流,可使部分变压器采用不接地方式)。这样,中性点电位固定为地电位,发生母线单相接地故障时,无故障相电压升高值不会超过 1.4 倍的运行相电压值,暂态过电压水平也较低,但故障电流很大,漏电保护能迅速动作,切断故障电路,使系统设备承受过电压的时间较短。

在处理故障过程中,要坚持"保人身、保设备、保电网"的原则。应迅速限制事故的发展,解除对人身和设备的威胁,并尽快恢复对已停电用户的供电。事故处理必须按照调度指令进行;有危及人身、设备安全的事故时,应按有关规定进行处理。

通过软件实现变电站的故障检修培训流程,实现电站设备工作状态、故障状态的现象虚拟仿真。进行电站的正常巡检,并模拟电站设备容易出现的一些故障。让学生能够根据不同的故障现象进行原因检测排查以及设备维护,快速掌握实际电站的工作情况,以便能够尽快地适应工作岗位。

二、实验原理

(1)及时检查并记录保护及自动装置的动作信号。

(2)迅速对故障范围内的一/二次设备进行外部检查,并将检查情况向调度及有关领导汇报。

(3)根据调度指令采取措施,限制事故的发展,恢复对无故障部分的供电。隔离故障设备,排除故障,尽快恢复供电。

(4)将事故处理的全过程做好记录,并详细向调度汇报保护及自动装置的动作情况、电压及负荷变化情况、设备异常情况,以及运行方式、天气情况等。

三、实验仪器

本实验使用与本章实验一相同的实验操作台。

四、实验步骤

1. 生成"母线单相接地故障仿真与事故处理"实训项目

在菜单中单击"实训科目",如图 9-5-1 所示。选择"母线单相接地故障仿真与事故处理"选项,系统将随机从 110kV 母线和 35kV 母线中选择。

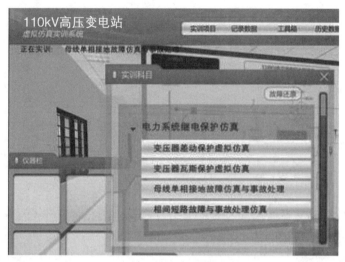

图 9-5-1 实训科目选择

2. 故障现象(如图 9-5-2 所示)

(1)告警器响。

(2)母线掉落。

(3)电流电压异常。

图 9-5-2 故障现象

3. 故障处理（分为 110kV 母线掉落和 35kV 母线掉落两种情况）

（1）将情况向调度和有关领导汇报。单击计算机桌面上的"手机"图标，完成汇报工作，如图 9-5-3 所示。

图 9-5-3　完成汇报工作

（2）断电（以 35kV 母线掉落为例）。先在主控屏上断开对应母线的所有负载，单击相应母线上的开关图标，如图 9-5-4 所示。

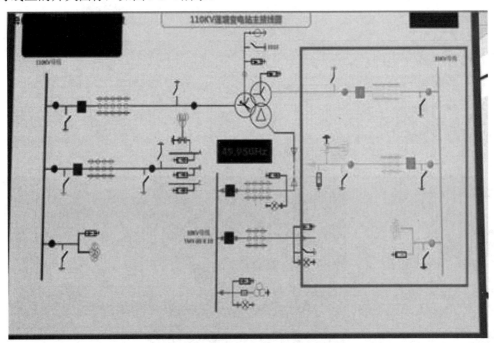

图 9-5-4　在主控屏上进行断电操作

（3）将母线侧的接地刀闸进行接地。先在菜单中单击工具箱，选择"钥匙"和"接地线"图标，然后在仪器栏中单击"钥匙"图标，如图 9-5-5 所示。

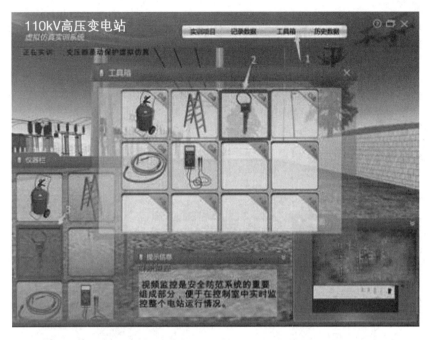

图 9-5-5　选择工具

最后逐一将相应的母线侧接地刀闸进行接地，如图 9-5-6 所示。

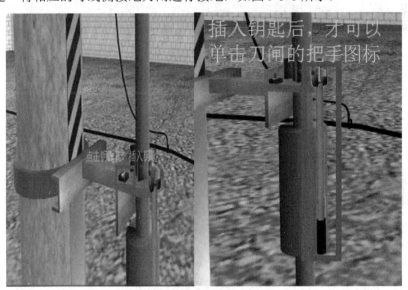

图 9-5-6　接地刀闸接地

（4）刀闸接地后，进行接地线的接地。在仪器栏中单击"接地线"图标，进行接地。

（5）母线检修。单击相应母线，进行检修和修复，如图 9-5-7 所示。

（6）拆除接地线。再次单击仪器栏中的"接地线"图标，进行接地线拆除操作。

（7）把相应母线的接地刀闸断开。拆除接地线后，断开接地刀闸；依次将接地的刀闸断开，单击接地刀闸的把手图标，断开刀闸，如图 9-5-8 所示。

图 9-5-7 检修和修复

图 9-5-8 接地刀闸分闸

（8）恢复供电。单击主控屏上已断开的开关图标，使之闭合，接通电路，如图 9-5-9 所示。

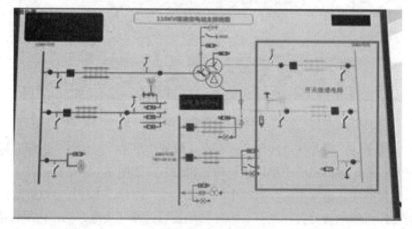

图 9-5-9 恢复供电操作

（9）复归按钮。单击 35kV 机柜的复归按钮，警报声消失，如图 9-5-10 所示。

图 9-5-10　复归按钮

（10）记录故障分析结果，完成实训内容。

实验六　相间短路故障与事故处理仿真

一、实验简介

供电网络中发生短路时，相与相之间或相与地（或中性线）之间发生非正常连接（短路），流过的电流值可能远远大于额定电流。很大的短路电流会使电器设备过热或受电动力冲击而遭到损坏，同时使供电网络内的电压大大降低，使供电网络内的用电设备不能正常工作。

在处理故障过程中，要坚持"保人身、保设备、保电网"的原则。应迅速限制事故的发展，解除对人身和设备的威胁，并尽快恢复对已停电用户的供电。事故处理必须按照调度指令进行；有危及人身、设备安全的事故时，应按有关规定进行处理。

通过软件实现变电站的故障检修培训流程，实现电站设备工作状态、故障状态的现象虚拟仿真。进行电站的正常巡检，并模拟电站设备容易出现的一些故障。让学生能够根据不同的故障现象进行原因检测排查以及设备维护，快速掌握实际电站的工作情况，以便能够尽快地适应工作岗位。

二、实验原理

（1）及时检查并记录保护及自动装置的动作信号。

（2）迅速对故障范围内的一、二次设备进行外部检查，并将检查情况向调度及有关领导汇报。

（3）根据调度指令采取措施，限制事故的发展，恢复对无故障部分的供电。隔离故障设备，排除故障，尽快恢复供电。

（4）将事故处理的全过程做好记录，并详细向调度汇报保护及自动装置的动作情况、电压及负荷变化情况、设备异常情况，以及运行方式、天气情况等。

三、实验仪器

本实验使用与本章实验一相同的实验操作台。

四、实验步骤

（一）生成"相间短路故障与事故处理仿真"实训项目

在菜单中单击"实训科目"选项，选择"相间短路故障与事故处理仿真"选项，如图 9-6-1 所示。

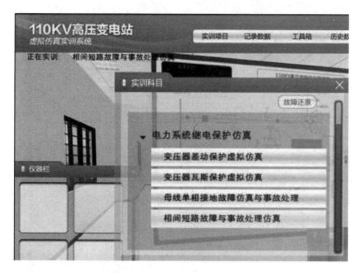

图 9-6-1 "实训科目"选择

(二)故障现象

(1)告警器响,一次回路监控系统显示相间短路故障提示信息。
(2)35kV 控制柜上显示电流和电压异常。
(3)观察现场,发现树枝掉落搭在母线上,如图 9-6-2 所示。

图 9-6-2 树枝掉落搭在母线上

(三)故障处理

(1)在主控屏上,对发生短路的线路进行断电处理,如图 9-6-3 所示。
(2)将情况向调度和有关领导汇报,如图 9-6-4 所示。
(3)断开母线侧的隔离开关并将接地刀闸进行接地,如图 9-6-5 所示。

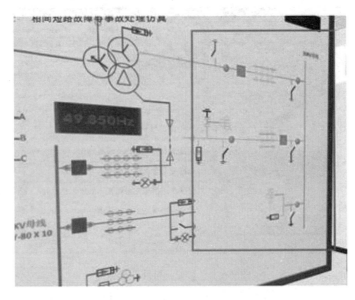

图 9-6-3　在主控屏上进行断电处理

图 9-6-4　完成汇报工作

图 9-6-5　接地刀闸接地

（4）使用接地线进行接地防护，如图 9-6-6 所示。

图 9-6-6　接地防护

（5）取下母线上的树枝，修复故障，如图 9-6-7 所示。

图 9-6-7　修复故障

（6）拆除接地线，断开接地刀闸，恢复供电，如图 9-6-8 所示。

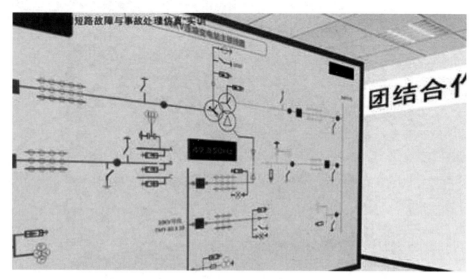

图 9-6-8　恢复供电

（7）使控制柜设备状态复归，并做好故障记录。

附录 A 实操类实验报告

实验报告书

课程名称：＿＿＿＿＿＿＿＿＿＿＿＿

实验项目：＿＿＿＿＿＿＿＿＿＿＿＿

院　　别：＿＿＿＿＿＿＿＿＿＿＿＿

专业／班级：＿＿＿＿＿＿＿＿＿＿＿＿

学　　号：＿＿＿＿＿＿＿＿＿＿＿＿

学生姓名：＿＿＿＿＿＿＿＿＿＿＿＿

同组成员：＿＿＿＿＿＿＿＿＿＿＿＿

实验日期：＿＿＿＿＿＿＿＿＿＿＿＿

一、实验目的

二、实验原理

三、实验环境（使用仪器、仪表、器材、硬件、软件等）

四、实验要求及注意事项

五、实验内容及步骤

六、实验数据记录与处理

七、实验结论与体会

八、教师评语：	成绩
主讲教师：　　　　　　　　　年　月　日	

附录 B　计算机仿真类实验报告

实验报告书

实验项目：_____

学　　院：_____

专　　业：_____

学　　号：_____

学生姓名：_____

实验日期：_____

实验成绩：_____

教师评语：

一、实验目的

二、实验环境（使用硬件、软件等）

三、实验原理

四、实验内容

五、实验步骤及程序编辑

六、程序调试及实验总结

参 考 文 献

[1] 刘介才. 工厂配电. 5 版. 北京：机械工业出版社，2010.

[2] 唐志平. 供配电技术. 3 版. 北京：电子工业出版社，2013.

[3] 刘思亮. 建筑供配电. 北京：中国建筑工业出版社，2008.

[4] 陈小荣. 智能建筑供配电与照明. 北京：机械工业出版社，2017.

[5] 毛永明. 电力系统自动化与继电保护技术实验教程. 北京：人民邮电出版社，2014.

[6] 焦彦军. 电力系统继电保护原理. 北京：中国电力出版社，2015.

[7] 贺家李，宋从矩. 电力系统继电保护原理. 北京：中国电力出版社，2004.

[8] 何仰赞，温增银. 电力系统分析. 3 版. 武汉：华中科技大学出版社，2006.

[9] 李光琦. 电力系统暂态分析. 3 版. 北京：中国电力出版社，2003.

[10] 葛耀中. 新型继电保护与故障测距原理与技术. 3 版. 西安：西安交通大学出版社，2007.

[11] 王锡凡，方万良，杜正春. 现代电力系统分析. 北京：科学出版社，2003.

[12] 邱晓燕，刘天琪，黄媛. 电力系统分析的计算机算法. 北京：中国电力出版社，2016.

[13] 于群，曹娜. 电力系统微机继电保护. 北京：机械工业出版社，2008.

[14] 张志涌，杨祖樱. MATLAB 教程 R2012a. 北京：北京航空航天大学出版社，2010.

[15] 张学敏. MATLAB 基础及应用. 北京：中国电力出版社，2012.

[16] 于群，曹娜. MATLAB/Simulink 电力系统建模与仿真. 2 版. 北京：机械工业出版社，2017.

[17] 王晶，翁国庆，张有兵. 电力系统的 MATLAB/Simulink 仿真与应用. 西安：西安电子科技大学出版社，2008.

[18] 李维波. MATLAB 在电气工程中的应用. 2 版. 北京：中国电力出版社，2016.

[19] 洪乃刚. 电力电子、电机控制系统的建模与仿真. 北京：机械工业出版社，2009.

[20] 王中鲜，赵魁，徐建东. MATLAB 建模与仿真应用教程. 北京：机械工业出版社，2014.